高职高专制药技术类专业规划教材
编审委员会

高职高专 制药技术类专业 教学改革系列教材

制药工艺设计基础

厉明蓉　主　编　　　陈学棣　副主编

崔文彬　主　审

化学工业出版社

·北京·

化学制药工艺设计基础是制药专业核心课程之一，本教材是以提高学生综合素质为基础，以技能训练为核心，强化人才的职业能力培养，以工作任务为单元进行设计，以岗位工作过程为导向而编写的。本教材共设四个工作任务，结合工业生产实例，对对乙酰氨基酚、布洛芬、氯霉素和磺胺甲噁唑等典型药物的生产技术进行了详细讨论，并通过其引出与工艺过程密切相关的环节，即制药工艺设计基本技能、生产环节技能和车间工艺设计。

本教材涉及面较广，由浅入深，实用性强，既可作为高职高专化学制药类专业教材，也可供与之相关专业及有关生产、技术、管理人员参考。

图书在版编目（CIP）数据

制药工艺设计基础/厉明蓉主编 . —北京：化学工业出版社，2010.7（2022.1 重印）
（高职高专制药技术类专业教学改革系列教材）
ISBN 978-7-122-08791-1

Ⅰ．制… Ⅱ．厉… Ⅲ．制药工业-工艺学-高等学校：技术学院-教材 Ⅳ．TQ460.1

中国版本图书馆 CIP 数据核字（2010）第 106830 号

责任编辑：于 卉   文字编辑：周 侗
责任校对：陈 静   装帧设计：关 飞

出版发行：化学工业出版社（北京市东城区青年湖南街 13 号 邮政编码 100011）
印 装：北京虎彩文化传播有限公司
787mm×1092mm 1/16 印张 10¼ 字数 263 千字 2022 年 1 月北京第 1 版第 5 次印刷

购书咨询：010-64518888   售后服务：010-64518899
网 址：http://www.cip.com.cn
凡购买本书，如有缺损质量问题，本社销售中心负责调换。

定 价：**30.00 元**

前　言

　　随着科学技术的发展，以及社会对应用型操作技能人才的需求迅速增长，我国高等职业教育也得以迅猛发展。高等职业技术教育的课程体系和教学内容要突出职业教育的特点，注重实训技能，加强针对性和实用性。本教材在编写中把握知识够用的原则，注重学生职业能力的培养，顺应时代变化，有助于学生自主学习，最大可能地实现学习与岗位工作的对接。特别是与国家职业资格考试和职业技能等级认定等国家职业准入制度的内容连接与融通，成为学生掌握岗位工作所需要的知识、技能、素质以及培养良好职业能力的必读图书。

　　本教材涉及面较广，既有典型药物生产技术，又有化学制药理论，同时还有与之相关环节，如化学制药工艺路线设计、化学制药反应器、生产过程中的安全知识和生产车间的工艺布置等。通过对对乙酰氨基酚、布洛芬、氯霉素和磺胺甲噁唑等几种典型药物的生产技术具体阐述，使学生从中认识工艺路线选择的重要性和工艺过程中影响因素对产品质量的影响；体会实验室小试与工业放大的区别。在生产环节方面，结合实训，培养学生反应器操作能力，以及简单的维修养护知识，并具有常规的车间工艺设计能力，为学生走向工作岗位后能更快地适应实际操作和技术应用工作打下坚实基础。

　　本教材共分四个工作任务，任务1由金华职业技术学院陈鋆、承德石油高等专科学校夏万东、河北化工医药职业技术学院马丽锋、天津渤海职业技术学院厉明蓉编写；任务2由夏万东、马丽锋、陈鋆编写；任务3由厉明蓉编写；任务4由天津医药集团津康制药有限公司陈学棣编写。本教材由厉明蓉主编，陈学棣任副主编，崔文彬主审。

　　本教材在编写过程中得到了高职高专制药技术类专业规划教材编审委员会、化学工业出版社和各编者所在单位的大力支持，在此对他们的帮助表示衷心的感谢。

　　本教材在使用过程中，恳请广大读者提出建议，相互交流与探讨，使教材更加丰富与完善。

编者

2010 年 3 月

目　录

任务 1　典型化学合成药物生产工艺

教学目标：
　　1. 掌握化学原料药或中间体基本制备工艺。
　　2. 理解反应条件对化学制药工艺过程的影响。

能力目标：
　　1. 培养岗位操作技能。
　　2. 典型操作规程的训练。
　　3. 正确运用化工单元操作技能进行中间体或产品的分离、提纯。

1.1　对乙酰氨基酚

1.1.1　对乙酰氨基酚的应用

　　解热镇痛药是临床上常用的一类药物，种类繁多，有水杨酸类、酚类、乙酰苯胺类、苯丙酸类、吲哚类、嘧啶类等。这些药物能使升高的体温降至正常水平，并可解除某些躯体疼痛。其解热原理是作用于下丘脑的体温调节中枢，通过皮肤血管扩张、散热、出汗，而使升高的体温恢复正常。对乙酰氨基酚属于乙酰苯胺类的解热镇痛药，是重要的非甾体解热镇痛药。对乙酰氨基酚于 20 世纪 40 年代开始在临床上广泛使用，现已成为全世界应用最为广泛的药物之一，成为国际医药市场上头号解热镇痛药，现已收入各国药典。目前对乙酰氨基酚已被列为国家第一批非处方药目录和国家基本医疗保险药品目录。我国已有含对乙酰氨基酚治疗感冒的制剂达 30 多种，如对乙酰氨基酚片（泰诺、必理通）、对乙酰氨基酚分散片、对乙酰氨基酚咀嚼片、对乙酰氨基酚滴液、对乙酰氨基酚混悬滴剂、对乙酰氨基酚混悬液、对乙酰氨基酚口服液、对乙酰氨基酚凝胶、对乙酰氨基酚注射液、复方氨酚烷胺胶囊（快克）、双分伪麻片（日片）/美扑伪麻片（夜片）（百服宁）等。

　　对乙酰氨基酚，化学名：对乙酰氨基苯酚；*N*-(4-羟基苯基) 乙酰胺；对羟基苯基乙酰胺。
　　曾用名：扑热息痛（APAP）；醋氨酚。
　　英文名：4-acetamino phenol；*N*-(4-hydroxyphenyl)-acetamide；*p*-hydroxyphenyl acetylamine。
　　结构式：

$$CH_3CNH\!\!-\!\!\!\!\bigcirc\!\!\!\!-OH \qquad C_8H_9NO_2 = 151.16 \qquad CAS:103-90-2$$

　　理化性质：从乙醇中得棱柱体结晶。熔点为 168～172℃，相对密度 1.293（21℃/4℃）。能溶于乙醇、丙酮和热水，难溶于冷水，不溶于石油醚及苯。无气味，味苦。饱和水溶液 pH 值 5.5～6.5。

　　对乙酰氨基酚通过抑制环氧化酶，选择性抑制下丘脑体温调节中枢前列腺素的合成，导致外周血管扩张、出汗而达到解热的作用，其解热作用强度与阿司匹林相似；通过抑制前列腺素等的合成和释放，提高痛阈而起到镇痛作用，属于外周性镇痛药，作用较阿司匹林弱，仅对轻、中度疼痛有效。本品无明显抗炎作用。

对乙酰氨基酚口服后吸收迅速而完全，吸收后在体内分布均匀。口服后 0.5～2h 血药浓度达峰值。血浆蛋白结合率为 25%～50%。本品 90%～95% 在肝脏代谢，主要代谢产物为葡糖醛酸及硫酸结合物。主要以与葡糖醛酸结合的形式从肾脏排泄，24h 内约有 3% 以原形随尿排出。其血浆半衰期为 1～3h，肾功能不全时半衰期不受影响，但肝功能不全患者及新生儿、老年人半衰期有所延长，而小儿半衰期则有所缩短。能通过乳汁分泌。

常规剂量下，对乙酰氨基酚的不良反应很少，偶尔可引起恶心、呕吐、出汗、腹痛、皮肤苍白等，少数病例可发生过敏性皮炎（皮疹、皮肤瘙痒等）、粒细胞缺乏、血小板减少、高铁血红蛋白血症、贫血、肝肾功能损害等，很少引起胃肠道出血。

对乙酰氨基酚对胃无刺激作用，故胃病患者宜用；无阿司匹林的过敏反应，婴儿、儿童及妇女用于退烧、镇痛较为安全，对乙酰氨基酚是世界卫生组织推荐的小儿首选退热药。至目前为止，未见有明显的危害和致病性的报道。

可用于治疗发热，也可用于缓解轻、中度疼痛，如头痛、肌肉痛、关节痛以及神经痛、痛经、癌性痛和手术后止痛等。也可用于对阿司匹林过敏或不能耐受的患者。对各种剧痛及内脏平滑肌绞痛无效。

口服一次 0.3～0.6g，一日用量不宜超过 2g，不宜长期服用，退热疗程一般不超过 3 天，镇痛不宜超过 10 天。

目前在欧美解热镇痛药品市场上，对乙酰氨基酚与阿司匹林和布洛芬成为解热镇痛药物三大支柱产品，占全球解热镇痛药市场销售额的 95% 以上，目前市场比例为：对乙酰氨基酚 45%，阿司匹林 25%～27%，布洛芬 23%～25%。近年来关于对乙酰氨基酚的临床应用研究也发现新的临床适应证，许多权威机构报道说长期服用对乙酰氨基酚可以减少卵巢癌发病率；还可以降低心肌梗死或中风发病率；作为一种优异的抗氧剂，能抵御自由基在体内造成的伤害。因此更加促进对乙酰基苯酚在世界药品中销售额快速持续增加。

全世界每年对乙酰氨基酚消耗量为 9 万～10 万吨，主要生产企业有美国的麦林克劳特公司、龙·布朗公司，德国赫司特公司，英国司丹令公司等，这些企业均拥有规模化的生产装置、核心制备技术和丰富经营管理水平，成为世界对乙酰氨基酚生产与发展的主导者。

我国于 1959 年开始生产对乙酰氨基酚，作为我国医药原料药产量最大的品种之一，自20 世纪 80 年代以来，其产量持续稳步上升。从 2004 年以来，我国实际上已成为全球最大对乙酰氨基酚出口和生产国，出口的对乙酰氨基酚原料占国际对乙酰氨基酚原料市场 38%～40% 的份额。2007 年我国主要的对乙酰氨基酚生产能力达 8 万吨，实际产量约为 6.4 万吨，出口约 4.64 万吨。2008 年的出口量达 5 万吨，成为我国仅次于维生素 C 的第二大原料生产品种。规模最大的 4 家生产商为山东安丘鲁安药业公司、河北衡水冀衡药业公司、罗迪亚（无锡）制药公司和浙江康乐药业公司，4 家公司的对乙酰氨基酚原料的年产量均在 7000t以上，其产量合计约占全国对乙酰氨基酚原料药总产量和出口量的 80%。

1.1.2 对乙酰氨基酚生产工艺路线介绍

合成路线根据形成对乙酰氨基酚功能基——乙酰氨基和羟基的化学反应类型来区分。

$$H_3C-\overset{\overset{O}{\parallel}}{C}-NH-\underset{}{\bigcirc}-OH \longrightarrow H_2N-\underset{}{\bigcirc}-OH + CH_3COOH$$

在苯环上引入氨基和羟基所得到的对氨基苯酚是各条合成路线共同的中间体，该中间体再经乙酰化反应即可得对乙酰氨基酚。无论用哪条合成路线制备对乙酰氨基酚，最后一步乙酰化是相同的。

中间体对氨基苯酚有刺激性，能引起皮炎及过敏症，处理时应避免与皮肤或呼吸道接触。

1.1.2.1　以对硝基氯苯为原料的路线

经过几十年的生产实践，对乙酰氨基酚的生产已经形成了一套较为成熟的工艺路线，即传统二步生产法。国内外生产企业多年来基本按照此条工艺路线生产。传统二步法是以对硝基氯苯为原料，经水解、酸化、还原制得对氨基苯酚，再经酰化得到对乙酰氨基酚。该法以铁粉为还原剂，虽然技术成熟，工艺简单，但在酸性介质（盐酸、硫酸或乙酸）中进行，因为对氨基苯酚在水中的溶解度较低，需制成钠盐后才能使成品溶解，但钠盐在水中极易氧化，导致产品收率低、质量较差、毒性大、成本高；严重的是，生产过程中会产生大量含酚、胺的铁泥和污水，几乎每产 1t 对氨基苯酚就有 2t 铁泥，污染严重。因此，改变原料来源，改革生产工艺是当前对乙酰氨基酚生产中迫切需要解决的问题。近年来，在对绿色、环保、节能、减排等越来越重视的新形势下，对对乙酰氨基酚几十年来沿用的生产工艺进行了重新审视，不少新工艺、新方法、新专利不断涌现。在新的合成工艺中，人们更多地从环保和经济上来考虑问题，以适应时代的发展。

1.1.2.2　以苯酚为原料的路线

（1）苯酚亚硝化法

苯酚在冷却（0～5℃）下与亚硝酸钠和硫酸作用生成对亚硝基苯酚，再经 Na_2S 还原得对氨基苯酚。此条合成路线较成熟，收率为 $80\% \sim 85\%$，但使用硫化钠作还原剂，成本偏高，同时产生大量碱性废水。在对硝基苯酚钠供应不足的情况下，本法还是有应用价值的。

（2）苯酚硝化法

由苯酚硝化可得对硝基苯酚，还原得对氨基苯酚，苯酚硝化反应时需冷却（0～5℃），且有二氧化氮气体产生，需要耐酸设备及废气吸收装置。

由对硝基苯酚还原成对氨基苯酚，有两种方法：铁屑还原法和加氢还原法。目前，发达国家采用加氢工艺代替铁屑还原，特别是用 Pd/C 催化剂，可以将对硝基苯酚加氢还原，乙酰化同时进行，一步合成对乙酰氨基酚。加氢还原法是目前工业上优先采用之法。

工业上实现加氢还原有两种不同的工艺，即气相加氢法与液相加氢法。前者仅适用于沸点较低、容易气化的硝基化合物的还原；后者则不受硝基化合物沸点的限制，适用范围更广。一般用水作溶剂并添加无机酸、NaOH 或 Na_2CO_3，催化剂可采用骨架镍、铂、钯、铑、锗（以活性炭为载体）或其氧化物。为了使反应时间缩短、催化剂易于回收、消耗能量降低，并使产品质量提高，可添加不溶于水的惰性溶剂如甲苯，反应后成品在水层中，催化剂则留在甲苯中。催化氢化反应可在常压或低压（≤0.5MPa）下进行，反应温度在 50～100℃，产率在 85％以上，高者可接近理论量。加氢还原法的优点是生产工序少、产品质量好、收率高、节省能源、废液少、环境污染小、生产成本低。

（3）苯酚偶合法

苯酚与苯胺重氮盐在碱性环境中偶合，然后将混合物酸化得对羟基偶氮苯，再用钯/炭为催化剂在甲醇溶液中氢解得对氨基苯酚。

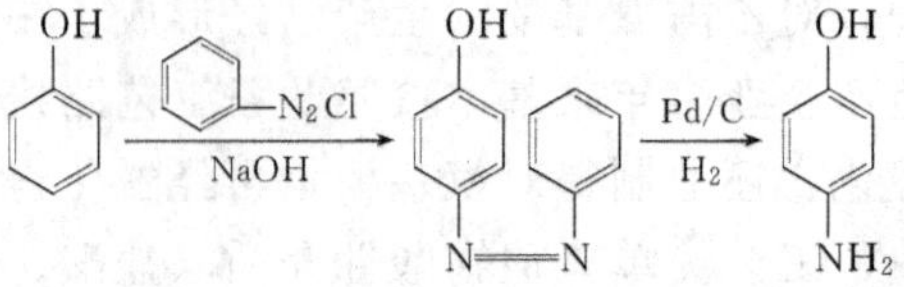

本法原料易得，工艺简单，收率很高（95％～98％），氢解后生成的苯胺可回收套用。

1.1.2.3　以硝基苯为原料的路线

硝基苯为价廉易得的化工原料，它可由铝屑还原或电解还原或催化氢化等方法直接制成中间体对氨基苯酚。用电解还原法生产对氨基苯酚的装置于 1979 年由 Hurting Chemicals 公司建成。

（1）铝屑还原法

硝基苯在硫酸中经铝屑还原得苯胲，无需分离经 Bamberger 重排得对氨基苯酚。此路线流程短，所得对氨基苯酚质量较好，副产物氢氧化铝可通过加热过滤回收。

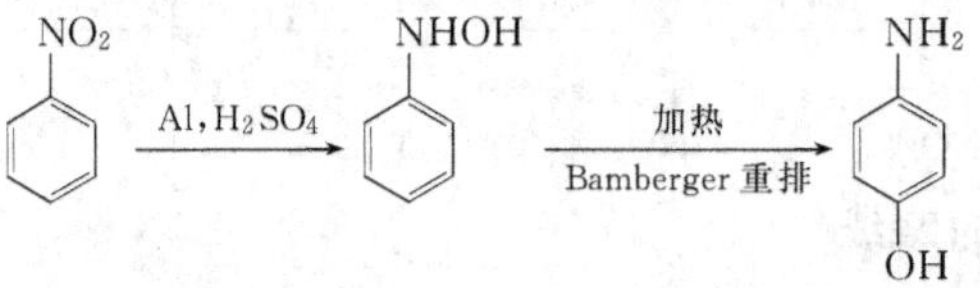

（2）电解还原法

此法也是经苯胲一步合成对氨基苯酚。一般采用硫酸为阳极溶剂，铜作阴极，铅作阳极，反应温度为 80～90℃，除日本某些公司采用外，在工业生产中应用不多，一般仅限于实验室合成或中型规模生产。原因是电解设备要求高，须用密闭电解槽以防止有毒的硝基苯蒸气溢出，且电极腐蚀较多等。但在电力资源充足，成本可进一步降低的情况下，用该法是可行的。优点是可对还原过程进行控制，收率较高，副产物少。

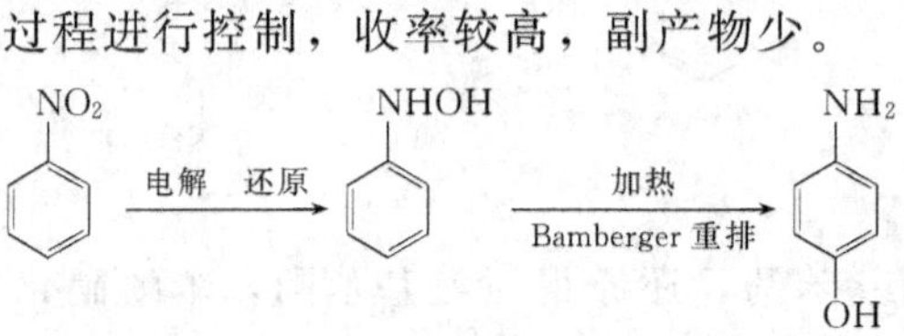

（3）催化氢化法

此法同样是经苯胲一步合成对氨基苯酚。但苯胲能继续加氢，在酸性介质中生成苯胺，这是本法最主要的副反应，其副产物生成量达 10％～15％。铁、镍、钴、锰、铬等金属有利于苯胲转化成苯胺，而铝、硼、硅等元素及其卤化物可使硝基苯加速转化成对氨基苯酚，并使苯胲生成苯胺的反应降至最低。生成的苯胺等副产物可加少量氯仿、氯乙烷处理除去。

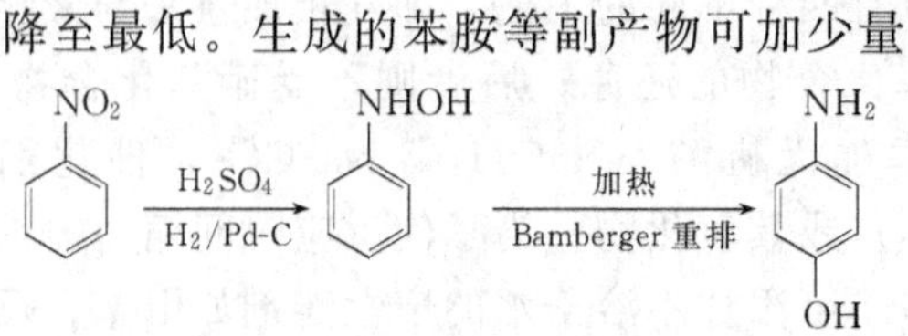

目前生产上一般采用贵金属为催化剂，如铂、钯、铑等，以活性炭为载体，在常压或低压下进行，如催化剂活性低，要求反应压力为 $5\sim10\text{MPa}$，有时甚至更高，操作不安全。山东新华制药厂从德国引进的设备和工艺就是采用铂/炭为催化剂。河北工业大学王延吉等的发明专利，以三氟化硼-乙醚-水溶液为介质，Pd/C 为催化剂，在表面活性剂中氢化，使硝基苯转化为对氨基苯酚。前苏联专利以硫化物（如 PtS_2/C）为催化剂。Kappe 公司则采用 MoS_3/C 为催化剂，优点是价格便宜，不易中毒，可多次循环使用而不丧失活性。

如要节约贵金属用量，降低成本，可以采用双金属或多金属型催化剂（如 Pt-V，Pd-V 等）或"薄壳型"钯、铂催化剂，可部分抑制副反应并减少对氨基苯酚的进一步加氢。近年来对镍的研究增多，主要原因是它的性能较温和，可以只还原硝基而不影响其他官能团。国内曾对硝基苯催化氢化制备对氨基苯酚的工艺路线进行过系统研究，分别选用钯、铂、镍等催化剂进行试验，发现在温和条件下，用镍催化剂也可获得较好效果，收率可达 70%。镍催化剂试验成功，为对氨基苯酚的生产提供了十分有价值的工艺。

在反应条件方面，原料硝基苯应分批缓慢加入，这样可以缩短反应时间，如将硝基苯一次加入，反应时间延长 1 倍以上。反应温度一般在 $80\sim90℃$ ，氢压较低，仅 $0.1\sim0.2\text{MPa}$。

添加表面活性剂有利于加快反应速度和提高收率，一般采用溶于水且在硫酸中稳定的季铵盐，如三甲基十二烷基氯化铵等。在反应物料中加入一部分不溶于水的有机溶剂如正丁醇、二甲基亚砜（DMSO）等，可提高对氨基苯酚的质量和收率。

1.1.2.4　近年来的新工艺

（1）加氢催化一步合成法

以对硝基苯酚、乙酸为原料，在 Pd-La/C 催化剂作用下，加氢反应，一步得到对乙酰氨基酚，收率 97%。或以对硝基苯酚和醋酐为原料，以 5% Pd-C 或 5% Pt-C 作催化剂，于 85℃ 的温度下反应，收率可达 82.3%。

（2）新型二步合成法，即对羟基苯乙酮肟重排法

以对羟基苯乙酮为原料，经肟化和 Beckmann 重排反应制取对乙酰氨基酚。对羟基苯乙酮在 pH 值 $3\sim7$ 的缓冲溶液中 101℃ 下与羟胺盐酸盐进行肟化得对羟基苯乙酮肟，再在亚硫酰胺或三氯磷酰催化下于乙酸乙酯溶剂中进行重排得对乙酰氨基酚。为抑制副反应，重排反应中加入少量碘化钾。产品精制后总收率约为 60%。

対羟基苯乙酮肟

该法是一环境友好的合成工艺，没有副产物产生，产品后处理简单，生产成本低，可以提高生产企业的技术水平，降低成本，减少污染。

1.1.3　对乙酰氨基酚生产工艺

1.1.3.1　对氨基苯酚制备工艺路线

（1）以苯酚为原料的路线

① 对亚硝基苯酚的制备

a. 工艺原理　苯酚的亚硝化反应过程是亚硝酸钠先与硫酸在低温下作用生成亚硝酸和硫酸氢钠。生成的亚硝酸即在低温下与苯酚迅速反应生成对亚硝基苯酚。由于亚硝酸不稳定，故在生产上采用直接加亚硝酸钠和硫酸进行反应。亚硝化反应的副反应是亚硝酸在水溶液中分解成一氧化氮和二氧化氮，后者为红色有强烈刺激性的气体，它们与空气中的氧气及水作用可产生硝酸。

主反应：

$$NaNO_2 + H_2SO_4 \longrightarrow HNO_2 + NaHSO_4$$

副反应：

$$2HNO_2 \longrightarrow H_2O + N_2O_3 \longrightarrow H_2O + NO + NO_2$$

$$H_2O + NO + NO_2 + O_2 \longrightarrow 2HNO_3$$

反应生成的硝酸又可氧化对亚硝基苯酚，生成苯醌或对硝基苯酚。

苯醌能与苯酚聚合生成有色聚合物，对亚硝基苯酚也可与苯酚缩合生成靛酚（在碱性溶液中呈蓝色）。

b. 工艺过程　配料比：苯酚：亚硝酸钠：硫酸＝1∶1.3∶0.8（摩尔比）。

反应罐中加入规定量的冷水和亚硝酸钠（4∶1），剧烈搅拌下加入碎冰，然后倾入酚溶液［液态酚中加入水（约酚重的10%）使成均匀絮状微晶］。维持温度在－5～0℃下约在2h内滴加规定量的40%硫酸。酸加完后，反应液 pH 为 1.5±0.3，呈红棕色，有大量红烟（NO_2）出现。此后再继续搅拌 1.5～2.0h，反应液色泽变浅，反应毕。静置，经离心分离得浅黄色对亚硝基苯酚固体，于冰库中存放，供短期内使用，避免暴露于空气及日光中，防止变黑和自燃。

c. 反应条件与影响因素　在生产中如果注意工艺条件的优化选择和控制，就能尽量避免副反应的发生。

（a）温度的控制　亚硝化反应是放热反应，同时亚硝酸又不稳定，容易引起产物对亚硝基苯酚的氧化和聚合等副反应。苯酚的亚硝化反应也是放热反应。因此，亚硝化时温度的控制（－5～0℃）很重要。生产上用冰-盐水冷却，也可用亚硝酸钠与冰形成低熔物（溶液温度可达－20℃）达到降温的目的。同时在反应时通过向反应罐投入碎冰，控制投料速度和强烈搅拌，避免反应液的局部过热。

（b）原料苯酚的分散状况　工业用苯酚的熔点为40℃左右，当加入1/10的水（质量比）时即液化，为无色或微红色的液体（$C_6H_5OH \cdot \frac{1}{2}H_2O$），相对密度为 1.065（$D_{20/20}$），在 0℃下又凝为固体。因此，亚硝化反应是在固态（苯酚）与液态（亚硝酸水溶液）间进行，必须注意苯酚的分散状况。若苯酚凝结成较粗的晶粒，则亚硝化时仅在其表面生成一层对亚硝基苯酚，阻碍亚硝化反应的继续进行，这将影响对亚硝基苯酚的质量和收率。所以必须采用强力搅拌使苯酚分散成均匀的絮状微晶，同时投入碎冰块，进行亚硝化反应。

（c）配料比　理论上，亚硝酸钠与苯酚的分子比应为 1:1，但由于亚硝酸钠易吸潮和氧化，反应过程中难免有少量分解，为使亚硝化反应完全，在生产工艺上应适当增加亚硝酸钠用量。根据实践，亚硝酸钠与苯酚用量的比为 1.20:1.00 时，收率为 75%；1.32:1.00时，收率为 80% 左右；1.39:1.00 时，收率则为 80%~85%。

d. 工艺流程简易方框图　见图 1-1。

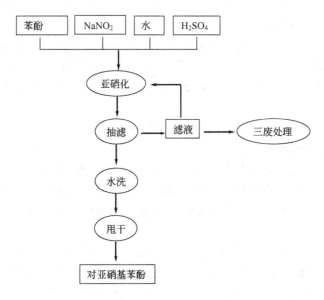

图 1-1　对亚硝基苯酚的制备工艺流程简易方框图

② 对氨基苯酚的制备

a. 工艺原理　对亚硝酸苯酚与硫化钠溶液共热，在碱性条件下还原生成对氨基苯酚钠，用稀硫酸中和，即析出对氨基苯酚。此为放热反应，温度控制在 38~48℃ 就能进行。

若反应不完全，则有 4,4-二羟基氧化偶氮苯、4,4-二羟基偶氮苯和 4,4-二羟基氢化偶氮苯等中间产物生成。

$$2\ HO-\!\!\!\!\langle\ \rangle\!\!\!\!-NO \xrightarrow{Na_2S} HO-\!\!\!\!\langle\ \rangle\!\!\!\!-\overset{O}{\overset{\uparrow}{N}}=N-\!\!\!\!\langle\ \rangle\!\!\!\!-OH \longrightarrow HO-\!\!\!\!\langle\ \rangle\!\!\!\!-N=N-\!\!\!\!\langle\ \rangle\!\!\!\!-OH \longrightarrow$$

$$HO-\!\!\!\!\langle\ \rangle\!\!\!\!-NH\ \ HN-\!\!\!\!\langle\ \rangle\!\!\!\!-OH \longrightarrow 2\ HO-\!\!\!\!\langle\ \rangle\!\!\!\!-NH_2$$

b. 工艺过程　对亚硝基苯酚还原成对氨基苯酚的工艺过程分两步进行。

（a）粗对氨基苯酚制备　还原配料比：对亚硝基苯酚∶硫化钠＝1∶1.2（摩尔比）。

在 38～50℃搅拌下，将对亚硝基苯酚缓缓加入盛有 38%～45%硫化钠溶液的还原罐中，约 1h 加毕，继续搅拌 20min，检查终点合格，升温至 70℃保温反应 20min，冷至 40℃以下，用 1∶1 硫酸中和至 pH＝8，析出结晶，抽滤，得粗对氨基苯酚。

（b）精制对氨基苯酚制备　配料比：粗对氨基苯酚∶硫酸∶NaOH∶活性炭＝1∶0.477∶0.418∶0.108（摩尔比）。

将粗对氨基苯酚加入水中，用硫酸调节 pH＝5～6，加热至 90℃，加入用水浸泡过的活性炭，继续加热至沸腾，保温 5～10min，静置 30min，加入重亚硫酸钠，压滤，滤液冷却至 25℃以下，用 NaOH 调节 pH＝8，离心，用少量水洗涤，甩干得对氨基苯酚精品。收率为 80%。

c. 反应条件与影响因素　为了避免许多中间副产物混入还原产物中，必须注意反应温度、配料比和 pH 值的控制。

（a）反应温度　还原反应是放热反应，若反应温度超过 55℃，不仅使生成的对氨基苯酚钠易被氧化，且对亚硝基苯酚有自燃的危险。一般控制在 38～50℃为好。若低于 30℃，则该还原反应不易完成。生产上采取缓慢加入对亚硝基苯酚、加强搅拌和冷却等措施来控制反应温度。

（b）配料比　生产中硫化钠的投料应比理论量高些。若硫化钠用量过少，反应有停留在中间还原状态的可能。实际生产中，对亚硝基苯酚与硫化钠的分子配料比为 1.00∶（1.16～1.23），若低于 1.00∶1.05，则反应不完全，影响产品质量。

（c）中和时的 pH 值、温度和加酸速度　对氨基苯酚钠生成后，须用硫酸中和析出。pH 为 10 时，对氨基苯酚已基本游离完全；pH 为 8 时析出少量硫黄和对氨基苯酚；继续中和到 pH 为 7.0～7.5 时，则有大量硫化氢有毒气体产生。因此，调节 pH 值，必须考虑加酸速度，注意避免硫黄析出或局部硫酸浓度过大，防止硫酸加入反应液时放出热量而使局部温度过高。温度过高产生的另一个副反应是反应生成的硫代硫酸钠遇酸分解析出硫黄，其析出速度与温度有关，40℃左右析出较快。工艺上利用对氨基苯酚在沸水中溶解度较大（100℃时 59.95mg/100ml，0℃时 1.10mg/100ml）的性质与析出的硫黄和活性炭分离。析出的对氨基苯酚以颗粒状结晶为好。

d. 工艺流程简易方框图　见图 1-2。

(2) 以对硝基苯酚钠为原料的路线

① 对硝基苯酚的制备

a. 工艺原理　对硝基苯酚钠用酸中和，即析出对硝基苯酚，其易溶于热水中。因此，向对硝基苯酚钠中加入强酸，中和到 pH≤3 以后，放置冷却，对硝基苯酚结晶析出。

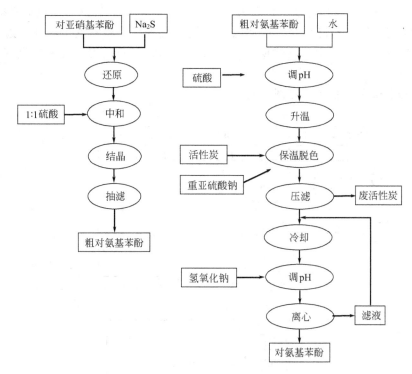

图 1-2 以苯酚为原料的对氨基苯酚制备工艺流程简易方框图

b. 工艺过程 配料比：对硝基苯酚钠：盐酸（工业）：水＝1：0.5：1.7（质量比）。

在酸化罐中，先投常水及盐酸，开动搅拌将对硝基苯酚钠投入，加热到 48～50℃，滴加盐酸，调 pH＝2～3，继续升温至 75℃，复调 pH＝2～3，保温 30min，降温到 25℃。为防止结晶时出现结晶挂壁现象，应渐渐冷却。放料，过滤，得对硝基苯酚湿品。

c. 工艺流程简易方框图 见图 1-3。

② 对氨基苯酚的制备

a. 工艺原理 用加氢还原法将对硝基苯酚还原成对氨基苯酚。

b. 工艺过程 对硝基苯酚：水：3%Pd/C：十六烷基三甲基氯化铵＝1：3：0.0322：0.0264（质量比）。

向高压反应罐中投入水、对硝基苯酚和 3% Pd/C 催化剂及助催化剂十六烷基三甲基氯化铵，密闭，用氮气置换空气 3 次，再用氢气置换氮气 3 次，搅拌，升温至 85℃，加氢至 0.6MPa，连续通氢还原至终点（反应中随时用棒蘸取反应液滴在洁净滤纸上，观察尚未反应的对硝基苯酚的黄色判断反应终点）。达到终点后，用氮气置换氢气 3 次，放料过滤，回收催化剂，滤液加活性炭脱色，压滤，滤液冷却结晶，离心，干燥，得对氨基苯酚。

c. 反应条件与影响因素

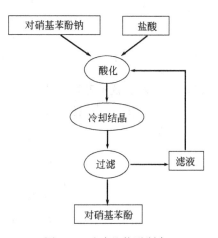

图 1-3 对硝基苯酚制备
工艺流程简易方框图

（a）试压防漏　加氢反应在一定压力（0.6MPa）下进行，因此，加氢前必须试压防漏。

（b）除空气　氢气易燃易爆，如加氢前不把空气赶尽，容易发生爆炸，通氢前必须先用氮气置换空气3次，再用氢气置换氮气3次，反应结束必须用氮气置换氢气3次后方可出料。

d. 工艺流程简易方框图　见图1-4。

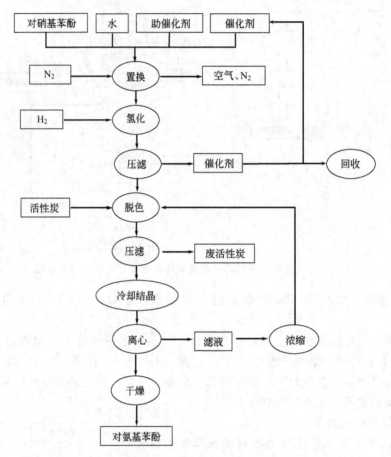

图1-4　以对硝基苯酚钠为原料的对氨基苯酚制备工艺流程简易方框图

1.1.3.2　对乙酰氨基酚的生产工艺原理及其过程

a. 工艺原理　对氨基苯酚与乙酸或乙酸酐加热脱水，反应生成对乙酰氨基酚。

这是一步可逆反应，通常采用蒸去水的方法，使反应趋于完全，以提高收率。

该反应在较高温度下（达148℃）进行，未乙酰化的对氨基苯酚有可能与空气中的氧作用，生成亚胺醌及其聚合物等，致使产品变成深褐色或黑色，故需加入少量抗氧剂（如亚硫酸氢钠等）。

此外，在较高温度下，对氨基苯酚也能缩合，生成深灰色的4,4-二羟基二苯胺。

4,4-二羟基二苯胺

如用乙酸酐为乙酰化剂，反应迅速，反应也可在较低温度下进行，且容易控制以上副反应的发生。

如用乙酸酐-乙酸作乙酰化剂，可在80℃下进行反应；用乙酸酐-吡啶作乙酰化剂，在100℃下可以进行反应；用乙酰氯-吡啶-甲苯作乙酰化剂，反应在60℃以下就能进行。

因为乙酸酐成本高，生产上一般采用稀乙酸（35%~40%）与乙酸酐混合使用，即先套用回收的稀乙酸，蒸馏脱去反应生成的水（生产上称为一次脱水），再加入冰乙酸回流去水（生产上称为二次脱水），最后加乙酸酐减压，蒸出稀乙酸。取样测定反应终点，即测定对氨基苯酚的剩余量和反应液的酸度。该工艺充分利用了生产中过量的乙酸，但也增加了氧化等副反应发生的可能性。为避免氧化等副反应的发生，保证对乙酰氨基酚的质量，反应前可先加入少量抗氧剂。

由于乙酰化反应是一个可逆反应。因此，乙酸用量、蒸馏速度和蒸出酸的浓度三者有密切关系。蒸馏过快，蒸出乙酸的浓度较高，蒸出水量就相应降低，冰乙酸用量就要相应增加，才能达到同一脱水量。蒸馏速度适当，有适量的乙酸回流，蒸出的乙酸浓度就会适当降低，蒸出的水量就相应增加，达到同一脱水量的乙酸用量就相应减少。如稀乙酸和冰乙酸的用量不变，蒸馏速度不同，回流比不同，蒸馏出的稀乙酸浓度不同，脱水量也就不同。虽然蒸馏出的稀乙酸相似，但收率不同，收集的稀乙酸浓度较小者，脱水量较多，收率也较高；反之，收率则降低。

乙酰化时，采用适量的分馏装置严格控制蒸馏速度和脱水量，是反应的关键。也可利用三元共沸的原理把乙酰化生成的水及时蒸出，使乙酰化反应完全，节约成本。

乙酰化反应温度一般控制在120~140℃为好。用硫化钠还原法制备对氨基苯酚时，若混有硫黄，会使收率降低。这是由于对氨基苯酚与硫黄发生下述反应的缘故，环合生成的2，7-二羟基吩噻嗪在空气中易氧化，初呈红色、蓝紫色，最后可呈深褐色，影响成品质量。

2,7-二羟基吩噻嗪

b. 工艺过程　配料比：对氨基苯酚：冰乙酸：母液（含酸50%以上）＝1:1:1（质量比）。

将配料液投入乙酰化罐内，加热至110℃左右，打开反应罐上冷凝器的冷凝水，回流反应4h，控制蒸出稀乙酸速度为每小时蒸出总量的1/10，待内温升至135℃以上，取样检查对氨基苯酚残留量低于2.5%时为反应终点，加入稀乙酸（含量50%以上），转入结晶罐冷却结晶。离心，先用少量稀乙酸洗涤，再用大量水洗涤至滤液近无色，得对乙酰氨基酚粗品。

搅拌下将粗品对乙酰氨基酚、水及活性炭加热至沸腾，用1:1盐酸调节pH＝5~5.5，保温 5min。将温度升至 95℃时，趁热压滤，滤液冷却结晶，加入适量亚硫酸氢钠，冷却结束，离心，滤饼用大量水洗至近无色，再用蒸馏水洗涤，甩干，干燥得对乙酰氨基酚成品。滤液经浓缩、结晶，离心后再精制。

c. 反应条件与影响因素

（a）反应终点要取样测定，也就是测定对氨基苯酚的剩余量和反应液的酸度。只有保证对氨基苯酚的剩余量低于 2%，才能确保对乙酰氨基酚成品的质量和收率。

（b）乙酰化时，为避免氧化等副反应的发生，反应前可先加入少量抗氧剂（亚硫酸氢钠）。

（c）在精制时，为保证对乙酰氨基酚的质量要加入亚硫酸氢钠防氧化。

d. 对乙酰氨基酚收率的计算

$$总收率＝乙酰化收率×精制收率×干燥收率$$

$$＝\frac{成品量}{对氨基苯酚量×1.385×对氨基苯酚含量}×100\%$$

$$乙酰化收率＝\frac{粗品量}{对氨基苯酚量×1.385×对氨基苯酚含量}×100\%$$

$$精制收率＝\frac{精制品量}{粗品量}×100\%$$

$$干燥收率＝\frac{成品量}{精制品量}×100\%$$

e. 工艺流程简易方框图　见图 1-5、图 1-6。

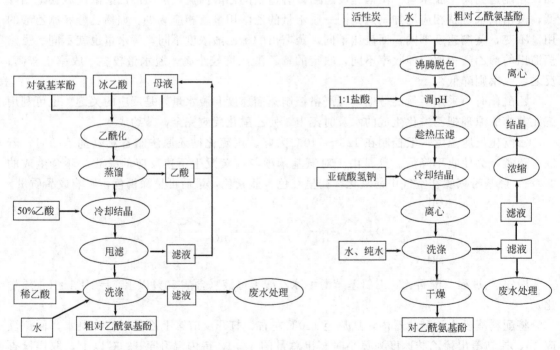

图 1-5　乙酰化工艺流程简易方框图　　　　图 1-6　精制工艺流程简易方框图

1.1.3.3　以对硝基苯酚钠为原料的对乙酰氨基酚生产工艺流程图

① 对氨基苯酚生产工艺流程图　见图 1-7。

② 对乙酰氨基酚生产工艺流程图　见图 1-8。

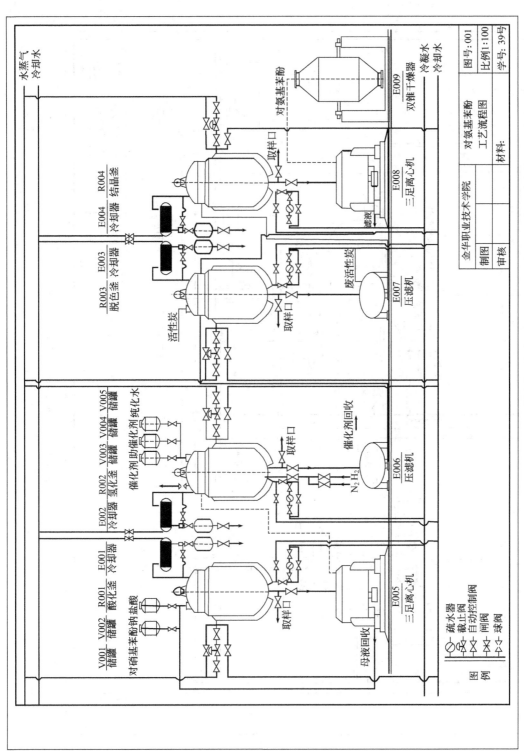

图 1-7　对氨基苯酚生产工艺流程图

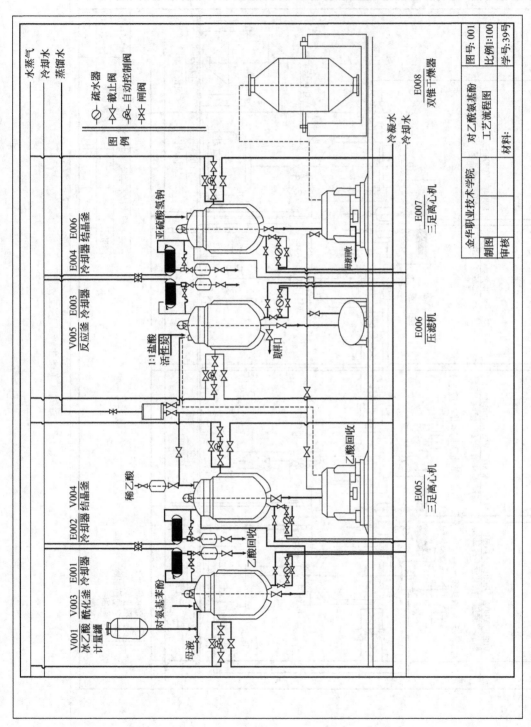

图 1-8 对乙酰氨基酚生产工艺流程图

1.2 布洛芬

1.2.1 布洛芬的应用

布洛芬（ibuprofen，brufen）的化学名为 2-(4-异丁基苯基) 丙酸，国际纯化学与应用化学联合会（IUPAC）命名 2-methyl-4-(2-methylpropyl) benzeneacetic acid，化学结构如下：

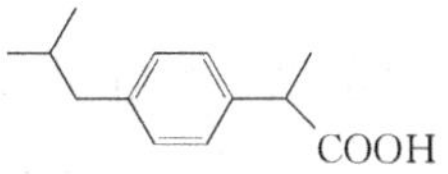

本品为白色结晶性粉末，稍有特异臭，几乎无味，几乎不溶于水，易溶于甲醇和丙酮等有机溶剂及碱液中。熔点 74.5～77.5℃。本品呈弱酸性，可溶于氢氧化钠或碳酸钠溶液中，可与赖氨酸成盐。本品性质稳定。有一对对映异构体，临床用其消旋体。

本品口服后迅速吸收，1～2h 后血药浓度达峰值。血浆 $t_{1/2}$ 为 2h。排泄迅速，吸收量的 90％以上主要以羟基化合物和羧基化合物形式从尿中排泄。

布洛芬是 1967 年由英国试制成功并首先生产的，此后日本、加拿大、德国和美国等国家相继投产。1972 年，国际风湿病学会推荐本品为优秀的风湿病药品之一。1975 年后，国内有厂家开始试制生产。

布洛芬是有效的 PG 合成酶抑制剂，具有解热镇痛及抗炎作用。布洛芬是一种非甾体消炎镇痛药，其消炎、镇痛和解热作用比阿司匹林强 16～32 倍。与一般消炎镇痛药相比，其作用强而副作用小，对肝、肾及造血系统无明显副作用。特别是对胃肠道的副作用很小，这是布洛芬的优势。用于扭伤、劳损、下腰疼痛、肩周炎、滑囊炎、肌腱及腱鞘炎、牙痛和术后疼痛、类风湿性关节炎、骨关节炎以及其他血清阴性（非类风湿性）关节疾病。用于减轻中度疼痛，如关节痛、肌肉痛、偏头痛、头痛、牙痛、痛经、神经痛，也可用于减轻普通感冒或流行性感冒引起的发热。

1.2.2 布洛芬生产工艺路线介绍

非甾体抗炎镇痛药布洛芬的合成工艺路线，按照原料不同可归纳为 5 类 27 条。以 4-异丁基苯乙酮为原料的路线有 11 条；以异丁基苯为原料，直接形成 C-C 键，共有 7 条路线；以 4-异丁基苯丙酮为原料有 3 条路线，均采用特殊试剂，无实用价值；以 4-溴代异丁基苯为原料有 4 条路线；分别以 4-异丁基苯甲醛和 4-异丁基甲苯为原料。

6 种原料中，4-异丁基苯乙酮、4-异丁基苯丙酮、4-溴代异丁基苯、4-异丁基苯甲醛和 4-异丁基甲苯 5 个化合物都是以异丁基苯为原料合成的。从原料来源和化学反应来衡量和选择工艺路线，以异丁基苯直接形成碳-碳键的路线最为简洁，其次则为 4-异丁基苯乙酮为原料的环氧羧酸酯法。但从原辅材料、产率、设备条件等诸因素衡量，则将注意力集中在以 4-异丁基苯乙酮为原料的环氧羧酸酯法上，这条路线已广泛用于工业生产。

1.2.2.1 异丁基苯与乳酸衍生物反应（一步法）

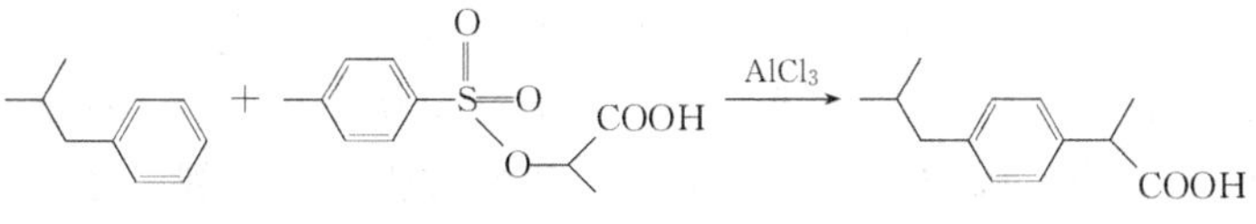

乳酸对甲苯磺酸酯与异丁基苯在过量的 $AlCl_3$ 存在下一步反应生成布洛芬。主要缺点是

产物中有大量的异构体，产品质量差，收率低。

1.2.2.2 格氏反应法

用异丁基苯的衍生物为原料，经格氏反应合成布洛芬。收率较高，但需用格氏试剂，反应条件苛刻。大多数原料需自制，所用试剂价格昂贵，乙醚易燃易爆不适合工业化生产。

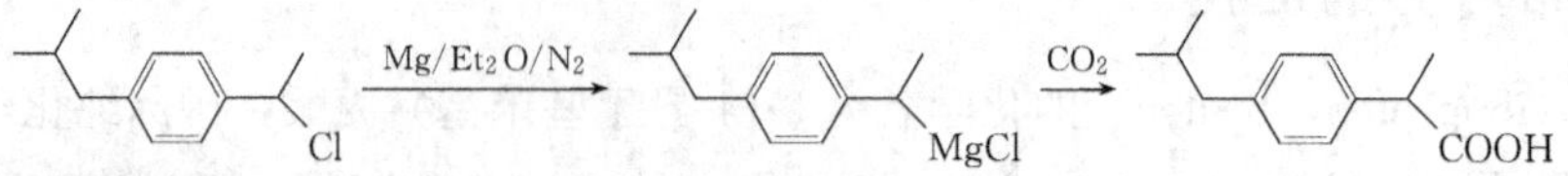

1.2.2.3 氰化物法

以对异丁基苯乙腈为中间体，经甲基化、水解得布洛芬。其中氯甲基化、氰化步骤中所用原料均有毒性，故操作要求较高，且存在设备腐蚀和"三废"问题。

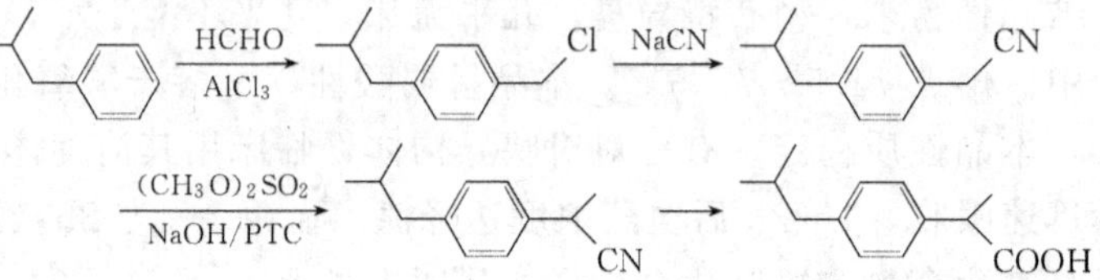

1.2.2.4 以异丁基苯乙酮为原料

异丁基苯乙酮与氯仿在相转移催化剂存在下反应，产物再经氢解制得布洛芬。反应条件要求较高，副反应也较多。

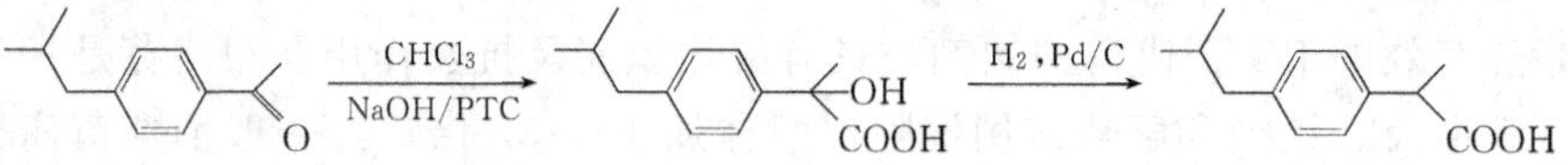

1.2.2.5 环氧羧酸酯法（布洛芬的工业生产方法）

环氧羧酸酯法是国内采用的主要方法。异丁基苯与乙酰氯经傅-克反应得到异丁基苯乙酮，再与氯乙酸异丙酯发生 Darzen 缩合，产物经水解、中和及脱羧反应制得异丁基苯丙醛，异丁基苯丙醛经氧化或经成肟、消除再水解成布洛芬。各步反应收率都比较高，其中醛肟法不存在氧化法的"三废"问题，更适合工业生产。环氧羧酸酯法合成布洛芬国内工艺路线（Boots 工艺）如下所示：

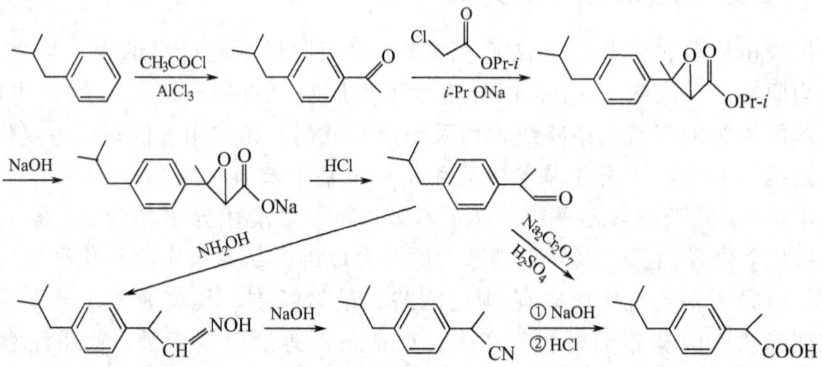

我国常州药厂和新华药厂分别用上述路线生产过布洛芬，但这条合成路线步骤繁琐、原料利用率低、耗能大，Darzen 缩合所需大量溶剂和缩合剂，回收分馏占用设备多，成品精制繁琐，产量扩大较为困难。另外，有大量无机盐产生，生产成本高，污染较严重。

近十余年来，对化学工业的"清洁生产"呼声日益高涨。期望不论是原料、助剂、合成路线的选择还是生产工艺的确定，尽可能满足原子经济性高、零排放的要求，以确保减少或消除对人类健康或环境的危害。由美国 Hoechst Celanese 公司与 Boots 公司联合开发的布洛芬生产 BHC 工艺，被誉为这一进程中的成功典范，并因此获得 1997 年度美国"总统绿色化学挑战奖"的变更合成路线奖。

德国 Hoechst 公司和美国 Celamase 公司合作采取加氢还原、羰基化、分馏精制成品的简捷工艺方法，此项新技术的应用已使世界布洛芬的产量迅速扩大，售价下降。布洛芬 BHC 工艺路线如下：

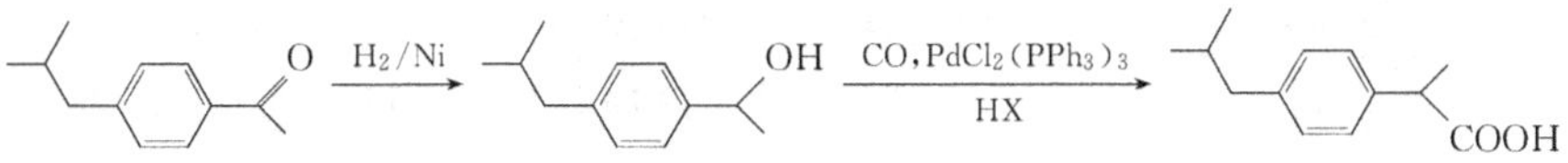

其中羰基化反应采用 $PdCl_2(PPh_3)_3$ 作催化剂，反应温度 130℃，CO 压力 16.5MPa，1-(4'-异丁基苯) 乙醇（IBPE）为溶剂或以甲乙酮（MEK）为溶剂，在 10%～26% 的盐酸介质中反应 4h，转化率高达 99%，布洛芬的选择性为 96%。

与经典的 Boots 工艺相比，BHC 工艺是一个典型的原子经济性反应，不但合成简单，原料利用率高，而且无需使用大量溶剂和避免产生大量废物，对环境造成的污染小。Boots 工艺肟化法从原料到产物要经过六步反应，每步反应中的底物只有一部分进入产物，所用原料中的原子只有 40.03% 进入最后产品中。而 BHC 工艺（以异丁基苯为原料）只需三步反应即可得到产品布洛芬，其原子经济性达 77.44%。也就是说新方法可少产废物 37%。如果考虑副产物乙酸的回收，BHC 合成布洛芬工艺的原子有效利用率高达 99%。

BHC 合成布洛芬工艺尽管具有很多的优点，但也存在着一个尚待进一步解决的问题，即关键步骤羰基化反应的贵金属 Pd 催化剂的分离回收和循环利用问题。为此，以寻找简便、经济的催化剂回收为核心，人们做了大量的研究工作。

布洛芬的世界总产量现已接近 2 万吨。美国 Ethyl 公司在 1993 年发明了用异丁基苯乙烯经催化加成、羰基化合成布洛芬的新工艺，收率高达 95%。它与 BHC 工艺相比，由二步无水高压反应转为一步含水的高压反应，具有温度更易控制、成本更低的优点。该工艺适合大规模生产。

1.2.3　布洛芬生产工艺

1.2.3.1　4-异丁基苯乙酮的合成

a. 工艺原理　在三氯化铝的催化下，乙酰氯与异丁基苯发生傅-克酰化反应。由于异丁基是体积较大的邻对位定位基，乙酰基主要进入其对位，生成 4-异丁基苯乙酮。反应需无水操作。

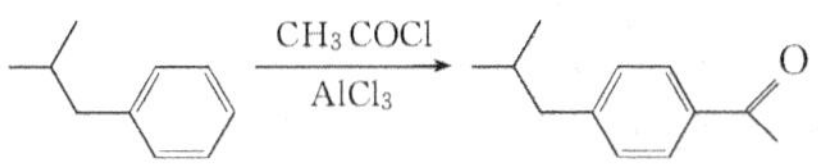

b. 工艺过程　将计量好的石油醚、三氯化铝加入反应釜内，搅拌降温至 5℃ 以下，加入计量的异丁基苯，其间控制釜内温度<5℃。再加入计量的乙酰氯。搅拌反应 4h。将反应液在 10℃ 下压入水解釜中，滴加稀盐酸，保持釜内温度不超过 10℃，搅拌 0.5h 后，静置分层。有机层为粗酮，水洗至 pH=6。减压蒸馏回收石油醚后，再收集 130℃/2kPa 馏分，即为 4-异丁基苯乙酮。收率 80%。

4-异丁基苯乙酮制备流程框图　见图 1-9。

c. 注意事项　原料无水三氯化铝结块（因吸水所致）时，不可使用。三氯化铝的用量应比原料异丁基苯过量 30%，反应结束后，产物须经稀酸处理溶解的铝盐，才能得到游离的酮。

对于傅-克反应搅拌要适当，太快易产生副反应，从而影响收率和产品质量。

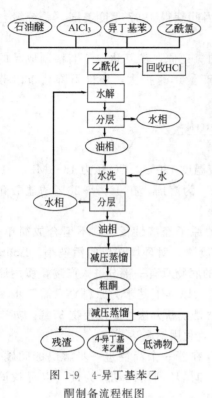

图 1-9　4-异丁基苯乙
酮制备流程框图

乙酰氯用量过量 40%，加入的速度要控制，若过快则反应剧烈，温度不易控制，大量氯化氢气体逸出，有冲料危险。乙酰氯遇水或醇分解生成氯化氢，其对皮肤黏膜刺激强烈，注意排风，并经吸收塔回收盐酸。回收的盐酸可以考虑在水解时使用，减少三废的排放。回收的石油醚同样可以套用。

酸化时酸度应控制在 pH=3 以下，否则可能有氢氧化铝一起析出，影响产品质量。酸化的温度在 10℃ 以下，滴加酸的速度宜慢。

注意防火、防爆、防毒。

1.2.3.2　2-(4-异丁基苯基) 丙醛的合成

a. 工艺原理

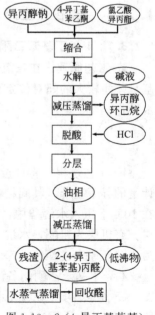

第一步反应为 Darzen 缩合，产物经水解、脱羧和重排得到 2-(4-异丁基苯基) 丙醛。

b. 工艺过程

（a）缩合：将异丙醇钠压入缩合釜中，搅拌下控温至 15℃ 左右，将计量的 4-异丁基苯乙酮与氯乙酸异丙酯的混合物慢慢滴入，于 20~25℃ 反应 6h 后，升温至 75℃，回流反应 1h。

（b）水解：冷水降温，压入水解釜，将计量的氢氧化钠溶液慢慢加入，控制釜内温度不超过 25℃，搅拌水解 4h 后，先常压再减压蒸醇。加入热水，于 70℃ 搅拌溶解 1h。

（c）酸化脱羧：将 3-(4-异丁基苯基)-2，3-环氧丁酸钠压入脱羧釜中，慢慢滴加计量的盐酸，控制釜内温度 60℃，加毕，物料温度升至 100℃ 以上，回流脱羧 3h 后降温，静置 2h 分层。

有机层吸入蒸馏釜，减压蒸馏，收集 120~128℃/2kPa 馏分，即得 2-(4-异丁基苯基) 丙醛。收率 77%~80%。

2-(4-异丁基苯基) 丙醛制备流程框图见图 1-10。

c. 注意事项

（a）2-(4-异丁基苯基) 丙醛不稳定，要及时转入下一步反应。

（b）脱羧液水层经静置后尚存少量油层，应予回收。水层取样分析，测化学需氧量，达标后排放。减压蒸馏所剩残渣，再进行提取，以回收所含 2-(4-异丁基苯基) 丙醛。

（c）在脱羧反应中，常产生大量泡沫，应注意慢慢加酸，以防止冲料。

（d）由于 Darzen 缩合所需大量溶剂和缩合剂，回收分馏占用设备多，耗能也大，成品精制繁琐，产量扩大较为困难。

图 1-10　2-(4-异丁基苯基)
丙醛制备流程框图

1.2.3.3 布洛芬的合成

a. 工艺原理

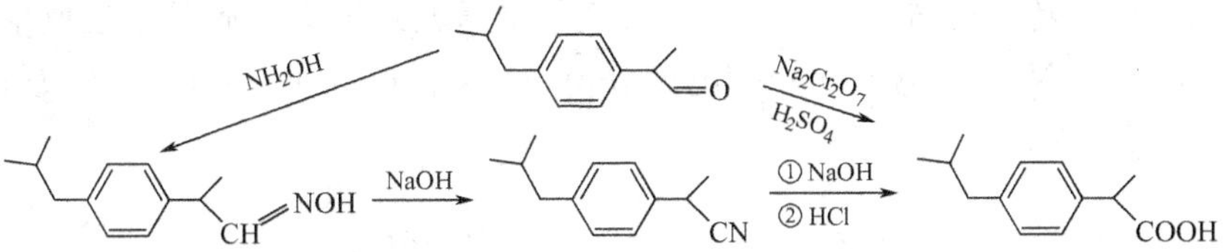

2-(4-异丁基苯基)丙醛制布洛芬有两种方法，其一为氧化法，即用重铬酸钠氧化；其二为醛肟法，即先使羟胺与 2-(4-异丁基苯基)丙醛反应，得中间体 2-(4-异丁基苯基)丙醛肟，再经消除和水解等反应制得布洛芬。醛肟法方法由于不使用重铬酸钠，后处理更方便，还避免了环境污染等问题，此外，以水作溶剂，操作安全，该法已应用于制药工业生产。

b. 工艺过程（氧化法）　将重铬酸钠溶于定量的水中，开真空吸入氧化剂配制釜，搅拌使之全溶，压入氧化反应釜。搅拌下降温，将计量的浓硫酸慢慢滴入反应釜，滴毕继续降温，备用。

待氧化反应液温度降至 5℃ 以下时，将计量的丙酮和 2-(4-异丁基苯基)丙醛的混合液于搅拌下慢慢滴至反应釜中，保温 25℃，加完继续反应 1h，直至反应液呈棕红色，为终点。加入焦亚硫酸钠水溶液，使反应液呈蓝绿色。

将上述反应液吸入丙酮回收釜中，蒸馏，直到蒸不出丙酮为止。残留物中加入定量的水和石油醚，搅拌 0.5h 后静置分层。水层用石油醚提取两次，油层水洗至无 Cr^{3+} 为止。

石油醚中加入配制好的稀碱液，搅拌 15min 后静置 0.5h，碱层分入钠盐储罐。再将计量的水加入石油醚层，搅拌 15min 后静置 0.5h，水层并入钠盐储罐。有机层吸入石油醚回收罐。

水层物料加到酸化釜，保持温度 35～45℃，滴加盐酸，调节 pH 为 1～2（此时析出布洛芬油层），降温至 5℃，复测 pH 仍为 2～3，继续降温、固化、结晶、离心，即得粗制布洛芬。收率＞90％。

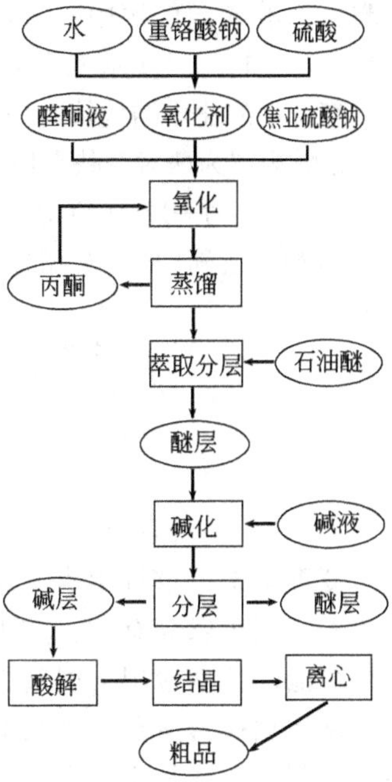

图 1-11　布洛芬制备流程框图

粗品再经溶解、脱色、结晶、离心和干燥，即得精品布洛芬。

布洛芬制备流程框图　见图 1-11。

c. 注意事项

石油醚为一级易燃液体，闪点小于 17℃，爆炸极限 1.1％～59％（体积分数）。应盛于密闭容器内，存储于阴凉通风处，严禁烟火，与氧化剂、硝酸、氧气等实施隔离。发生火险可用泡沫、干粉、二氧化碳、沙土等灭火。

1.3　氯霉素

1.3.1　氯霉素的应用

氯霉素（chloramphenicol）是 20 世纪 40 年代继青霉素、链霉素、金霉素之后，第 4 个得到临床应用的抗生素。最早发现于 1947 年，原是由委内瑞拉链丝菌产生，也是第一个用全合成方法合成的抗生素。

氯霉素的化学名称为 D-苏型-(－)-N-[α-(羟基甲基)-β-羟基-对硝基苯乙基]-2,2-二氯乙酰胺；D-theo-(－)-N-[α-(hydroxymethyl)-β-hydroxy-p-nitrophenethyl]-2,2-dichloroacet-amide。化学结构式为：

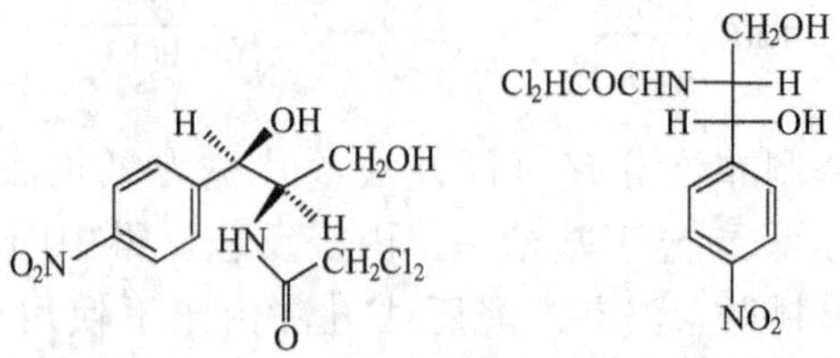

本品为白色或黄绿色的针状、长片状结晶性粉末，味苦，熔点 149～153℃，在甲醇、乙醇、丙醇或丙二醇中易溶，在水中微溶。比旋度 $[\alpha]_D^{25}$ －25°～25.5°（乙酸乙酯）；$[\alpha]_D^{25}$ ＋18.5°～21.5°（无水乙醇）。

氯霉素的化学结构特点是分子中 C1 和 C2 是两个手性中心，因而它的光学异构体共有 4 种。这 4 种异构体为两对对映异构体，其中一对的构型为 D-苏型（或称 1R，2R 型）和 L-苏型（或称1S，2S 型）；另一对为 D-赤型（或称 1R，2S 型）和 L-赤型（或称 1S，2R 型）。其中只有 D-(－)-苏型（或称 1R，2R 型）具有抗菌活性，而其他三个光学异构体均无疗效。

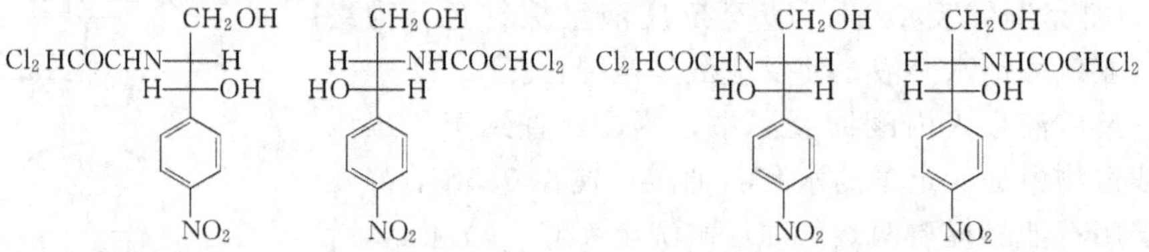

D-苏型　　　　　　L-苏型　　　　　　D-赤型　　　　　　L-赤型

氯毒素是广谱抗生素，主要用于伤寒杆菌、痢疾杆菌、脑膜炎球菌、肺炎球菌的感染，对多种厌氧菌感染有效，亦可用于立克次体感染。本品有引起粒细胞缺乏症及再生障碍性贫血的可能，长期应用可引起二重感染。新生儿、早产儿用量过大可发生灰色综合征。用药期间必须注意检查血象，如发现轻度粒细胞及血小板减少时，应立即停药。但由于其疗效确切，尤其对伤寒等疾病仍是目前临床的首选药。本品有片剂、胶囊、注射液、滴眼液、滴耳液、耳栓、颗粒剂等多种剂型。

1.3.2 氯霉素生产工艺路线介绍

目前医用的氯霉素大多用化学合成法制造。我国在 1951 年开始对氯霉素进行合成研究，建成生产氯霉素（氯霉素的外消旋体）的车间。20 世纪 60 年代开始生产氯霉素。几十年的生产实践中，科技工作者对其合成路线、生产工艺及副产物综合利用等方面做了大量的研究工作，使生产技术水平有了大幅度的提高。

从氯霉素的结构看，其基本骨架为连有 3 个碳原子的苯环。功能基则除苯环外，C1 及 C3 上各有一个羟基，C2 上有二氯乙酰氨基。因此可用苯及其衍生物进行合成。可能的路线有如下几条。

① 原料的基本结构为苯丙基结构（ ），再引入必要的基团。

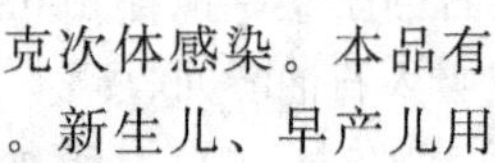

② 原料的结构为苯乙基结构（ ），侧链上再引入一个碳原子，并引入其他

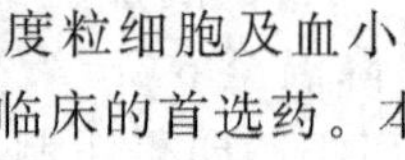

的必要基团。

③ 原料的基本结构为苯甲基结构 $\left(\bigcirc\!\!-\!\!\overset{|}{\underset{|}{C}}\!\!-\right)$，侧链上的两个碳原子可以一次引入，也可以分次引入，其他必要基团可分别引入。

④ 原料的基本结构为苯环 $\left(\bigcirc\right)$，侧链的三个碳原子一次引入或分次引入；为缩短合成路线，其他必要基团的引入应尽可能与碳原子的引入结合起来。

由于氯霉素结构中侧链上的 C1 和 C2 是两个手性中心，因而它有四个光学异构体，其中只有 D-（—）-苏型（或称 1R，2R 型）具有抗菌活性，而其他三个光学异构体均无疗效。所以研究合成路线时必须同时考虑立体构型问题。可从以下几方面考虑。

① 采用刚体结构的原料或中间体。具有指定空间构型的刚体结构化合物进行反应时，不易产生差向异构体。如使用反式 β-溴代苯乙烯或反式桂皮醇为原料合成氯霉素时，产物符合要求的苏型。

② 利用空间位阻效应。如甘氨酸与 1 分子对硝基苯甲醛反应生成 Schiff 碱，后者再进行反应时，由于立体位阻的影响，产物主要是苏型异构体。

③ 使用具有立体选择性的试剂。应用异丙醇铝为还原剂使氯霉素中间体羰基还原时，生成物是苏型异构体占优势（用钠硼氢还原时，则无立体选择性）。

氯霉素的生产已有几十年的历史，其合成路线的文献报道较多。但这些合成路线存在不可回避的缺点，如一些试剂的来源不易解决、某些原料的消耗量过大、对设备要求过高、安全操作性差和某些中间体分离困难等，因此生产上无法采用。国际通用的工艺路线有三种：对硝基苯乙酮法；苯乙烯法；肉桂醇法。对硝基苯乙酮法以乙苯为原料。苯乙烯法以苯乙烯为原料。从国内情况看，乙苯与苯乙烯的来源不成问题，而肉桂醇的来源就不易解决。国际市场上，肉桂醇的价格为苯乙烯的 32 倍，因此，三种工艺路线从原料供应的方便可靠、经济合理考虑，对硝基苯乙酮法与苯乙烯法较适合国内情况。下面仅就这两种工艺路线加以讨论。

1.3.2.1　对硝基苯乙酮法

该法以乙苯为原料，经硝化、氧化、溴化、成盐、水解、乙酰化、羟甲基化（缩合）、还原、拆分、二氯乙酰化等反应（或操作）得到氯霉素。本法是目前我国生产上采用的路线。该路线最初是由我国药物化学家沈家祥等设计的，后经改进和提高，历经几十年的考验，迄今仍是世界上具有竞争力的工艺路线。工艺路线如下：

$$\xrightarrow{\text{Cl}_2\text{CHCOOCH}_3}$$

本路线的优点是原料价廉易得，各步反应收率都比较高，技术条件要求不高。虽然反应步骤多，但中间有 5 步反应（溴化、成盐、水解、乙酰化、羟甲基化）可以连续进行，无需分离中间体，大大简化了操作。本路线缺点是硝化、氧化两步安全操作的要求高，产生的硝基化合物毒性较大。对操作者和生产厂家而言，无法回避的就是解决劳动保护和"三废"治理的问题。在乙苯硝化过程中，除生成硝基乙苯外，还生成极微量的硝基酚类，需用碱液洗涤除去，否则后者在硝基乙苯蒸馏过程中可发生剧烈分解而爆炸。因此要增加碱洗工序，以保证安全生产。另外，乙苯硝化会产生大量邻硝基乙苯，需要研究寻找综合利用途径。

最近有文章报道氯霉素中间体对硝基苯乙酮的清洁生产工艺，针对对硝基苯乙酮原生产工艺，采用升温、延长静置时间等办法，改进了分酸工艺；采用洗涤水循环使用，减少废水排放量；采用萃取法去除硝基酚等杂质，实现对硝基苯乙酮生产废水的极小化。

1.3.2.2　苯乙烯法

苯乙烯法按经过的中间产物不同，又可分为以下两条路线。

(1) 以苯乙烯为原料经 α-羟基对硝基苯乙胺的合成路线

在氢氧化钠的甲醇溶液中，苯乙烯与氯气反应生成氯代甲醚化物，硝化后以氨处理得 α-羟基-对硝基苯乙胺，再经酰化、氧化等反应得乙酰氨基对硝基苯乙酮。以后各步与对硝基苯乙酮法路线相同，再经缩合、还原、拆分、酰化等制成氯霉素。工艺路线如下：

以后各步与对硝基苯乙酮法路线相同。

这条路线的优点是苯乙烯价廉易得，合成路线较简单且各步收率高。若硝化反应采用连续化工艺，则收率高、耗酸少、生产过程安全。缺点是胺化一步收率不够理想。国外有用此法生产氯霉素的。

(2) 以苯乙烯为原料经 β-苯乙烯以 Prins 反应的合成路线

在本路线生产中采用了 Prins 反应，即烯烃与醛（通常是甲醛）在酸的催化下生成 1,3-丙二醇及其衍生物。反应的结果不仅在碳链上增加了一个碳原子，而且处理后还同时在 C1 及 C3 上各引入一个羟基。具体合成路线如下：

这条路线有很多优点，如合成路线较短；前 4 步的中间体均为液体，可节省大量固体中间体分离、干燥及输送的设备，有利于实现连续化、自动化生产等。但这条路线中的有些反应需要在 250℃ 以上的高温进行，还有些反应需要在 10MPa 压强下进行，有些中间体要求在高真空下减压蒸馏，这样的"三高"要求，就使这条路线难于在生产上被采用。

1.3.3　氯霉素生产工艺

本节将重点对我国目前生产上采用的路线——对硝基苯乙酮法生产氯霉素的工艺原理及其过程进行详细叙述。

1.3.3.1　对硝基乙苯的制备（硝化）

a. 工艺原理　在生产上，乙苯的硝化采用浓硫酸与硝酸配成的混酸作硝化剂。混酸中硫酸的作用为：使硝酸产生硝基正离子 NO_2^+，后者与乙苯发生亲电取代反应；使硝酸的用量减少至近于理论量；浓硫酸与硝酸混合后，对铁的腐蚀性很小，故硝化反应可以在铁制反应器中进行。

反应除生成对硝基乙苯这一主产物外，还可能生成邻硝基乙苯、间硝基乙苯和二硝基乙苯等副产物。反应方程式如下：

$$46\% \sim 48\% \qquad 44\% \sim 46\% \qquad 6\% \sim 8\%$$

在硝化过程中，当局部的酸浓度偏低且有过量的水存在时，则硝基化合物生成后即刻转变为其异构体，后者在反应温度升高时遇水分解成酚类。

在乙苯硝化制备对硝基乙苯的过程中，还生成二硝基乙苯酚，后者在高温下能迅速分解，如不事先除去，在蒸馏硝基乙苯的末期就会发生爆炸事故。由于二硝基乙苯酚的钠盐在水中的溶解度不大，故在生产过程中必须注意保证把它全部洗去。二硝基乙苯酚呈柠檬黄色，其钠盐为橘黄色，可根据产物颜色的变化来确定是否完全洗净除去。

b. 工艺过程　配料比：乙苯∶硝酸∶硫酸∶水 = 1∶0.618∶1.219∶0.108（质量比）。

（a）混酸工艺过程　在装有推进式搅拌的不锈钢（或搪玻璃）混酸罐内，先加入 92% 以上的硫酸，在搅拌及冷却下，以细流加入水，控制温度在 40～45℃。加毕，降温至 35℃，继续加入 96% 的硝酸，温度不超过 40℃，加毕，冷至 20℃。取样化验，要求配制的混酸中，硝酸含量约 32%，硫酸含量约 56%。

在生产上，混酸配制的加料顺序与实验室不同。在实验室用烧杯做容器，不产生腐蚀问题，在生产上则必须考虑到这一点。20%～30% 的硫酸对铁的腐蚀性最强，而浓硫酸对铁的作用则弱。混酸中浓硫酸的用量要比水多得多，将水加于酸中可大大降低对混酸罐的腐蚀。其次，在良好的搅拌下，水以细流加入浓硫酸中产生的稀释热立即被均匀分散，因此不会出现在实验室时发生的酸沫四溅的现象。

（b）硝化工艺过程　在装有旋桨式搅拌的铸铁硝化罐中，先加入乙苯，开动搅拌，调温至 28℃，滴加混酸，控制温度在 30～35℃。加毕，升温至 40～45℃，继续搅拌保温反应 1h，使反应完全。然后冷却至 20℃，静置分层。分去下层废酸后，用水洗去硝化产物中的残留酸，再用碱液洗去酚类，最后用水洗去残留碱液，送往蒸馏岗位。首先将未反应的乙苯及水减压蒸出，然后将余下的部分送往高效率分馏塔，进行连续减压分馏，在塔顶馏出邻硝基乙苯。从塔底馏出的高沸物再经一次减压精馏得到精制的对硝基乙苯。由于间硝基乙苯与对硝基乙苯的沸点相近，故精馏得到的对硝基乙苯尚有 6％左右的间位体。

c. 反应条件及影响因素

（a）配料比对反应的影响　为避免产生二硝基乙苯，硝酸的用量不宜过多，可接近理论量。乙苯硝酸的摩尔比接近理论量为 1∶1.05。硫酸的脱水值（D. V. S.❶）为 2.56。应控制原料乙苯的纯度＞95％，含水量高可致反应速率降低，硝化收率下降。

（b）温度对反应的影响　作为一般规律，温度升高，反应速率加快，这对反应是有利的。但在乙苯硝化反应中，若温度过高会有大量副产物生成，严重时有发生爆炸的可能性。乙苯的硝化为激烈的放热反应，温度控制不当，会产生二硝基化合物，并有利于酚类的生成。所以在硝化过程中，要有良好的搅拌和有效的冷却，及时把反应热除去，以控制一定的温度使反应正常进行。

（c）乙苯质量对反应的影响　应严格控制乙苯的质量，乙苯的含量应高于 95％，其外观、水分等各项指标应符合质量标准。乙苯中若水分过多，色泽不佳，则使硝化反应速率变慢，而且产品中对位体的含量降低，致使硝化收率下降。

d. 安全问题　乙苯硝化制备对硝基乙苯的过程，存在一定的安全隐患，操作难度较大，应注意以下几点安全问题。

（a）浓硝酸是强氧化剂，遇有纤维、木块等立即将其氧化，氧化产生的热量使硝酸激烈分解引起爆炸。浓硫酸、浓硝酸均有强腐蚀性，应注意防护。

（b）在配制混酸以及进行硝化反应时，因有大量稀释热或反应热放出，故中途不得停止搅拌及冷却。如发生停电事故，应立即停止加酸。

（c）蒸馏完毕，不得在高温下解除真空放入空气，以避免热的残渣（含多硝基化合物）氧化爆炸。

e. 工艺流程框图　见图 1-12。

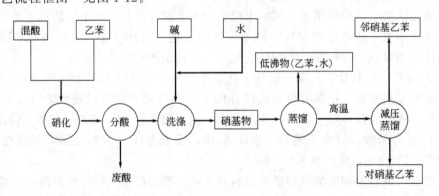

图 1-12　制备对硝基乙苯的工艺流程框图

1.3.3.2　对硝基苯乙酮的制备（氧化）

a. 工艺原理　本步反应属于自由基反应，对硝基乙苯分子中乙基在较缓和的条件下氧

---

❶　硫酸的脱水值（D. V. S.）是指硝化终了时废酸中硫酸和水的计算质量比。D. V. S. ＝混酸中硫酸质量/（混酸含水质量＋硝化生成水的质量）。脱水值越大，表示硫酸含量越高或含水量越少，则混酸的硝化能力越强。

化时，次甲基可转变为羰基而生成对硝基苯乙酮；但在激烈的条件下进行氧化，则生成对硝基苯甲酸。为达到缓和的氧化条件，避免或减少对硝基苯甲酸的生成，本步反应采用空气氧化法并使用硬脂酸钴与醋酸锰-碳酸钙混合催化剂来催化氧化对硝基乙苯。

$$O_2N-\!\!\!\!\!\diagdown\!\!\!\!\!\!\bigcirc\!\!\!\!\!\!\diagup\!\!\!\!\!-CH_2CH_3 +O_2 \xrightarrow{\text{硬脂酸钴,醋酸锰-碳酸钙}} O_2N-\!\!\!\!\!\diagdown\!\!\!\!\!\!\bigcirc\!\!\!\!\!\!\diagup\!\!\!\!\!-\overset{\displaystyle O}{\overset{\|}{C}}CH_3 +H_2O$$

b. 工艺过程　配料比：对硝基乙苯：空气：硬脂酸钴：醋酸锰＝1：适量：5.33×10^{-5}：5.33×10^{-5}（质量比）。

催化剂硬脂酸钴的制法：用澄明的硬脂酸钠稀醇溶液（pH8～8.5）加到硝酸钴溶液中，使硬脂酸钴析出，过滤，洗涤至无硝酸根离子，干燥便得。醋酸锰催化剂：将10％醋酸锰溶液与沉淀碳酸钙（醋酸锰与碳酸钙的质量比为1：9）混合均匀，干燥即得。

将对硝基乙苯自计量槽中加入氧化反应塔，同时加入硬脂酸钴及醋酸锰催化剂（内含载体碳酸钙90％），其量各为对硝基乙苯质量的十万分之五。用空压机压入空气使塔内压强为0.5MPa，开动搅拌，逐渐升温至150℃以激发反应。反应开始后，随即发生连锁反应并放热。这时适当地往反应塔夹层通水使反应温度平稳下降，维持在135℃左右进行反应。收集反应生成的水，并根据汽水分离器分出的冷凝水量判断和控制反应进行程度。当反应产生热量逐渐减少，生成水的速度和数量降到一定程度时停止反应，稍冷，将物料放出。

反应物中含对硝基苯乙酮、对硝基苯甲酸、未反应的对硝基乙苯、微量过氧化物以及其他副产物等。在对硝基苯乙酮未析出之前，根据反应物的含酸量加入碳酸钠溶液，使对硝基苯甲酸转变为钠盐。然后充分冷却，使对硝基苯乙酮尽量析出。过滤，洗去对硝基苯甲酸钠盐后，干燥，便得对硝基苯乙酮。对硝基苯甲酸的钠盐溶液经酸化处理后，可得副产物对硝基苯甲酸。

分出对硝基苯乙酮后所得的油状液体仍含有未反应的对硝基乙苯。用亚硫酸氢钠溶液分解除去过氧化物后，进行水蒸气蒸馏，回收的对硝基乙苯可再用于氧化，循环套用。

最近有文章报道对此工艺进行后处理方面的改进，提出了对硝基苯乙酮的清洁生产工艺，主要是基于清洁生产的指导思想对原生产工艺中的一些废水和母液进行回收与套用，实现生产过程中节能减排。

c. 反应条件及影响因素

（a）催化剂的作用　大多数变价金属（如钴、锰、铬、铜等）的盐类及其氧化物对本反应均有催化活性。铜盐和铁盐对过氧化物（反应过程中的中间产物）作用过于猛烈，以致会削弱连锁反应，故不宜采用，且反应中应注意防止微量 Fe^{3+} 和 Cu^{2+} 的混入。醋酸锰的催化作用则较为缓和，氧化收率有明显提高。碳酸钙作载体，可保护过氧化物不致分解过速，从而使反应平稳地持续下去。硬脂酸钴是较醋酸锰性能更好的催化剂，可以在比用醋酸锰时低约10℃的温度下进行。经不断的改进与研究，在改用空气氧化法之后，则采用硬脂酸钴与醋酸锰-碳酸钙混合催化剂。

（b）反应温度　对硝基乙苯的催化氧化反应是强烈的放热反应。虽然开始需要供给一定的热量使产生自由基，但当反应引发后便进行连锁反应而放出大量热，此时若不将产生的热量移去，则产生的自由基越来越多，温度急剧上升，就会发生爆炸事故。但若冷却过度，又会造成连锁反应中断，使反应过早停止。因此，当反应激烈后必须适当降低反应温度，使反应维持在既不过分激烈而又能均匀出水的程度。

（c）反应压力　用空气作氧化剂较氧气安全，所以生产上采用空气氧化法。根据反应方程式可以看出，此氧化反应是使气体分子数减少的反应（生成的水经冷凝后分出），所以加压对反应有利。但实践证明反应压力超过 490.3kPa（5kgf/cm²）时，对硝基苯乙酮的含量增加不显著，且压力越高对设备的要求也越高，故生产上采用 490.3kPa（5kgf/cm²）压力的空气氧化。

d. 工艺流程框图　见图 1-13。

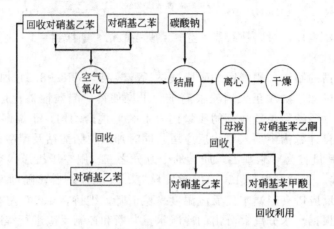

图 1-13　制备对硝基苯乙酮的工艺流程框图

1.3.3.3　对硝基-α-溴代苯乙酮（简称溴化物）的制备（溴化）

a. 工艺原理　本步反应属于离子型反应，溴化的位置发生在羰基的 α-碳原子上。对硝基苯乙酮的结构能发生烯醇式与酮式的互变异构。烯醇式与溴进行加成反应，然后消除一分子的溴化氢而生成所需的溴化物。这里溴化的速率取决于烯醇化速率。溴化产生的溴化氢是烯醇化的催化剂，但由于开始时其量尚少，只有经过一段时间产生足够的溴化氢后，反应才能以稳定的速率进行，这就是本反应有一段诱导期的原因。

$$O_2N-\!\!\!\!\!\!\underset{}{\bigcirc}\!\!\!\!\!\!-\overset{O}{\overset{\|}{C}}CH_3 \ +Br_2 \longrightarrow O_2N-\!\!\!\!\!\!\underset{}{\bigcirc}\!\!\!\!\!\!-\overset{O}{\overset{\|}{C}}CH_2Br \ +HBr$$

b. 工艺过程　配料比：对硝基苯乙酮：溴：氯苯＝1：0.96：9.53（质量比）。

将对硝基苯乙酮及氯苯（含水量低于 0.2%，可反复套用）加入到搪玻璃的溴化罐中，在搅拌下先加入少量的溴（约占全量的 2%～3%）。当有大量溴化氢产生且红棕色的溴消失时，表示反应开始。保持温度在 27℃±1℃，逐渐将其余的溴加入。溴的用量稍超过理论量。反应产生的溴化氢用真空抽出，用水吸收，制成氢溴酸回收。真空度不宜过大，只要使溴化氢不从它处逸出便可。溴加毕后，继续反应 1h。然后升温至 35～37℃，通压缩空气以尽量排走反应液中的溴化氢，否则将影响下一步成盐反应。静置 0.5h 后，将澄清的反应液送至下一步进行成盐反应。

c. 反应条件及影响因素

（a）水分　对硝基苯乙酮溴代反应时，水分的存在对反应大为不利（诱导期延长甚至不起反应），因此必须严格控制溶剂的水分。

（b）金属　本反应应避免与金属接触，因为金属离子的存在能引起芳香环上的溴代反应。

1.3.3.4　对硝基-α-溴代苯乙酮六亚甲基四胺盐（简称成盐物）的制备（成盐）

a. 工艺原理　对硝基-α-溴代苯乙酮与六亚甲基四胺进行成盐反应生成对硝基-α-溴代苯乙酮六亚甲基四胺盐，这一反应是定量进行的。

$$O_2N-\underset{O}{\overset{\parallel}{\text{C}}}-CH_2Br + C_6H_{12}N_4 \longrightarrow O_2N-\underset{O}{\overset{\parallel}{\text{C}}}-CH_2Br \cdot C_6H_{12}N_4$$

b. 工艺过程 配料比：溴化物∶六亚甲基四胺＝1∶0.86（质量比）。

将合格的成盐母液加入到干燥的反应罐内，在搅拌下加入干燥的六亚甲基四胺（比理论量稍过量），用冷盐水冷却至 5～15℃，将除净残渣的溴化液抽入，33～38℃反应 1h，测定反应终点。成盐物无需过滤，冷却后即可直接用于下一步水解反应。

成盐反应终点的测定是根据两种原料和产物在氯仿及氯苯中溶解度不同的原理进行的。（表 1-1）。

表 1-1 成盐反应的原料与产物在氯仿、氯苯中的溶解度

物　　料	氯仿	氯苯
对硝基-α-溴代苯乙酮	溶解	溶解
六亚甲基四胺	溶解	不溶
成盐物	不溶	不溶

表 1-1 中所写"不溶"是指溶解度很小。按此方法测定，到达终点时氯苯中所含未反应的对硝基-α-溴代苯乙酮的量在 0.5% 以下。

取反应液适量，过滤（若未反应完，滤液中有对硝基-α-溴代苯乙酮），往 1 份滤液中加入 2 份六亚甲基四胺（乌洛托品）氯仿饱和溶液，混合加热至 50℃，再降至常温，放置 3～5min。若溶液呈透明状，表示终点到；若溶液浑浊，则未到终点。

c. 反应条件及影响因素

（a）水和酸。本步反应忌水忌酸，水和酸的存在能使乌洛托品分解成甲醛，这也是尽量排走反应液中溴化氢的主要原因。

$$(CH_2)_6N_4 + 4HBr + 6H_2O \longrightarrow 6HCHO + 4NH_4Br$$

（b）成盐反应的最高温度不得超过 40℃。

1.3.3.5 对硝基-α-氨基苯乙酮盐酸盐（简称水解物）**的制备**（水解）

a. 工艺原理 对硝基-α-溴代苯乙酮六亚甲基四胺盐在酸性条件下水解，可得到伯胺的盐酸盐。

$$O_2N-\underset{O}{\overset{\parallel}{\text{C}}}-CH_2Br \cdot C_6H_{12}N_4 + 3HCl + 12C_2H_5OH \longrightarrow$$

$$O_2N-\underset{O}{\overset{\parallel}{\text{C}}}-CH_2NH_2 \cdot HCl + 6CH_2(OC_2H_5)_2 + NH_4Br + 2NH_4Cl$$

b. 工艺过程 配料比：成盐物∶盐酸∶乙醇＝1∶2.44∶3.12（质量比）。

将盐酸加入到搪玻璃罐内，降温至 7～9℃，搅拌下加入"成盐物"。继续搅拌至"成盐物"转变为颗粒状后，停止搅拌，静置，分出氯苯。然后加入乙醇，搅拌升温，在 32～34℃反应 5h。3h 后开始测酸含量，并使其保持在 2.5% 左右（确保反应在强酸下进行）。

反应完毕，降温，分去酸水，加入常水洗去酸后，加入温水搅拌得二乙醇缩醛，反应后停止搅拌将缩醛分出。再加入适量水，搅拌，冷至 -3℃，离心分离，便得对硝基-α-氨基苯乙酮盐酸盐。

c. 反应条件及影响因素

盐酸浓度越大，反应越容易生成伯胺，且反应速率也较快。水解反应后，盐酸应保持在 2% 左右，因为水解物是强酸弱碱盐，有过量的盐酸存在时比较稳定。当盐酸浓度低于

1.7%时，有游离氨基物产生，并发生双分子缩合，然后与空气接触氧化为紫红色吡嗪化合物，反应式如下：

$$2O_2N- \underset{O}{\overset{}{C}}-CH_2NH_2 \longrightarrow O_2N- \text{（吡嗪环）} -NO_2$$

1.3.3.6 对硝基-α-乙酰氨基苯乙酮（简称乙酰化物）的制备（乙酰化）

a. 工艺原理 此反应是用乙酸酐作为酰化剂对氨基进行的乙酰化反应。对硝基-α-氨基苯乙酮的酰化，由于有硝基的存在，使氨基的反应活性降低，为此生产一般采用较强的酰化剂乙酸酐。为使氨基乙酰化，应用乙酸钠中和盐酸盐，使氨基化合物游离出来。

$$O_2N- \underset{O}{\overset{}{C}}-CH_2NH_2 \cdot HCl + CH_3COONa + (CH_3CO)_2O \longrightarrow$$

$$O_2N- \underset{O}{\overset{}{C}}-CH_2NHCOCH_3 + 2CH_3COOH + NaCl$$

b. 工艺过程 配料比：水解物∶乙酸酐∶乙酸钠＝1∶1.08∶3.8（质量比）。

向乙酰化反应罐中加入母液，冷至0～3℃，加入上步水解物，开动搅拌，将结晶打成浆状，加入乙酸酐，搅拌均匀后，先慢后快地加入38%～40%的乙酸钠溶液。这时温度逐渐上升，加完乙酸钠时温度不要超过22℃。于18～20℃反应1h，测定反应终点（取少量反应液，过滤，往滤液中加入碳酸氢钠溶液中和至碱性，不显红色则表明达到终点）。

达到终点后，将反应液冷至10～13℃即析出晶体，过滤，先用常水洗涤，再以1%～1.5%的碳酸氢钠溶液洗结晶液至pH7，甩干称重交缩合岗位。滤液回收乙酸钠。

c. 反应条件及影响因素

（a）pH值 反应物的pH控制在3.5～4.5最好。pH过低，在酸的影响下反应物会进一步环合为噁唑类化合物；pH过高，不仅游离的氨基酮会发生双分子缩合生成红色吡嗪类化合物，而且乙酰化物也会发生双分子缩合生成吡咯类化合物。

（b）加料次序和加乙酸钠的速度 应先加乙酸酐后再加乙酸钠，次序不能颠倒，并严格控制加乙酸钠的速度。因为游离的对硝基-α-氨基苯乙酮很容易发生分子间的脱水缩合，所以应在其未来得及发生双分子缩合之前，就立即被乙酸酐酰化，生成对硝基-α-乙酰氨基苯乙酮。因此，乙酸酐和乙酸钠的加料顺序不能颠倒（先加乙酸酐，后加乙酸钠）。

1.3.3.7 对硝基-α-乙酰氨基-β-羟基苯丙酮（简称缩合物）的制备（缩合）

a. 工艺原理 本反应是在弱碱性催化剂作用下，乙酰化物中的羰基α-碳上的氢原子以质子形式脱去，生成碳负离子，然后进攻甲醛分子中正电荷的碳原子发生羟醛缩合反应生成对硝基-α-乙酰氨基-β-羟基苯丙酮。

$$O_2N- \underset{NHCOCH_3}{\overset{O}{\overset{}{C}}-CH-CH_2} + HCHO \overset{OH^-}{\longrightarrow} O_2N- \underset{NHCOCH_3}{\overset{O}{\overset{}{C}}-CH-CH_2OH}$$

本反应的溶剂是醇水混合溶剂，醇浓度维持在60%～65%为好。在这一步反应中形成了第一个手性中心，产物是外消旋混合物。

b. 工艺过程 配料比：乙酰化物∶甲醛∶甲醇＝1∶0.51∶1.25（质量比）。

将"乙酰化物"加水调成糊状，测pH值应为7。

将甲醇加入反应罐内，升温至28～33℃，加入甲醛溶液，随后加入"乙酰化物"及碳酸氢钠，测pH应为7.5。反应放热，温度逐渐上升。此时可不断地取反应液至玻璃片上，可以看到"乙酰化物"的针状结晶不断减少，而缩合物的长方柱状结晶不断增多。经数次观察，确定针状结晶完全消失即为反应终点。

反应完毕，降温至 0～5℃，离心过滤，滤液可回收甲醇，产物经洗涤，干燥至含水量为 0.2% 以下，可送至下一步还原反应岗位。

c. 反应条件及影响因素

（a）酸碱度　反应必须保持在弱碱性条件下进行，pH 值在 7.5～8.0 为佳。pH 值过低不发生反应（这往往是因为上步反应后未能把反应生成的乙酸彻底洗去，只要适当补加一些碱，反应便能发生）；pH 过高则发生双缩合的副反应，即得到双羟甲基化产物。

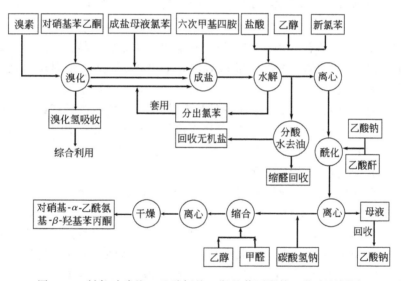

为避免上述副反应，采用弱碱——碳酸氢钠作催化剂，同时甲醛的用量控制在稍超过理论量。

（b）温度　反应温度自然上升，温度控制要适当。过高则甲醛挥发，过低则甲醛聚合。

（c）甲醛含量　甲醛含量直接影响反应进行。含量在 36% 以上的甲醛为无色透明液体；如出现浑浊现象，表示有部分聚醛存在，必须将其回流解聚后，方能使用。

d. 工艺流程框图　见图 1-14。

图 1-14　制备对硝基-α-乙酰氨基-β-羟基苯丙酮的工艺流程框图

1.3.3.8　DL-苏型-1-对硝基苯基-2-氨基-1,3-丙二醇（简称混旋氨基物）的制备（还原）

a. 工艺原理　本反应采用异丙醇铝-异丙醇还原法将对硝基-α-乙酰氨基-β-羟基苯丙酮分子中的羰基还原成仲醇基，生成 DL-苏型-1-对硝基苯基-2-乙酰氨基-1,3-丙二醇，再在盐酸的作用下发生水解将乙酰基脱去生成"氨基物"盐酸盐，"氨基物"盐酸盐在氢氧化钠作用下游离出氨基得到 DL-苏型-1-对硝基苯基-2-氨基-1,3-丙二醇（简称混旋氨基物）。

$$O_2N-\overset{H\quad NH_2\cdot HCl}{\underset{OH\quad H}{\overset{|\qquad |}{\underset{|\qquad |}{C-C}}}}-CH_2OH \xrightarrow{NaOH} O_2N-\overset{H\quad NH_2}{\underset{OH\quad H}{\overset{|\qquad |}{\underset{|\qquad |}{C-C}}}}-CH_2OH$$

$$\text{"氨基物"盐酸盐} \qquad\qquad\qquad\qquad \text{混旋氨基物}$$

异丙醇铝-异丙醇还原法有较高的选择性，其反应产物是占优势的一对苏型立体异构体（用别的还原方法可能得到 4 种立体异构体）。

b. 工艺过程　配料比：缩合物：铝片：异丙醇：三氯化铝：盐酸：水：10%NaOH=1：0.23：3.62：0.19：4.76：1.25：适量（质量比）。

（a）丙醇铝-异丙醇的制备　将洁净干燥的铝片加入干燥的反应罐内，加入少许三氯化铝及无水异丙醇，升温使反应液回流。此时放出大量热和氢气，温度可达 110℃左右。当回流稍缓和后，在保持不断回流的情况下，缓缓加入其余的异丙醇。加毕回流至铝片全部溶解不再放出氢气为止。冷却后，将异丙醇铝-异丙醇溶液压至还原反应罐中。

（b）还原反应　将异丙醇铝-异丙醇溶液冷至 35～37℃，加入无水三氯化铝，升温至45℃左右反应 0.5h，使部分异丙醇转变为氯代异丙醇铝。然后加入"缩合物"，于 60～62℃反应 4h。反应结束后停止搅拌，送料。

（c）水解　还原反应完毕后，将反应液压至盛有水及少量盐酸的水解罐中，在搅拌下蒸出异丙醇。蒸完后，稍冷，加入上批的"亚胺物"及浓盐酸，升温至 76～80℃，反应 1h 左右，同时减压回收异丙醇。反应毕，降温到 60℃压料至结晶罐（压料时压强控制在 0.1MPa以内）。

将反应物冷至 3℃，保温 10h 左右，使"氨基物"盐酸盐结晶析出，于−3℃以下过滤，滤饼用 3℃以下 2%稀盐酸均匀冲洗，甩滤 1.5h，取出滤饼即为"氨基物"盐酸盐。母液可回收酸性异丙醇和铝盐。

（d）中和　将"氨基物"盐酸盐加少量母液溶解，溶解液表面有红棕色油状物，分离除去后，加碱液中和至 pH7.0～7.8，使铝盐变成氢氧化铝析出。加入活性炭于 50℃脱色，过滤，滤液用碱中和至 pH9.5～10.0，用冰盐水冷至 3℃左右"混旋氨基物"析出。冷至近0℃，过滤，产物（湿品）直接送至下步拆分。

（e）回收　每批母液除部分供套用外，其余母液和洗液送至回收釜，调温 35～40℃，pH9.5～10，滴加苯甲醛，反应 1h 过滤。甩滤得白色"亚胺物"。再将水、30%盐酸、"亚胺物"依次投入水解釜，搅拌升温到约 90℃，保温 5h，同时，减压回收苯甲醛。反应完毕用常水降温至 40～45℃后换冰盐水冷至 3℃，10h 后过滤，滤饼经缩醛冲洗后再用 20%低温盐酸冲洗。滤饼即为"氨基物"盐酸盐。通过此步回收可增加反应物收率。

c. 反应条件及影响因素

（a）水分　异丙醇铝的制备及还原反应必须在无水条件下进行。异丙醇铝的水分含量应在 0.2%以下。有研究表明，在其他条件不变的情况下，使用含水 0.5%的异丙醇的收率较含水 0.1%的异丙醇的收率低 6%～8%。

（b）异丙醇用量　异丙醇铝-异丙醇还原的实质是异丙醇分子中异丙基的负氢转移至被还原分子的羰基而生成醇，异丙醇本身被氧化变成了丙酮。这个反应的逆反应是 Dp-penauer 氧化，即反应是可逆的。所以，异丙醇应该大大过量。在本反应中，异丙醇还起溶剂作用。

d. 工艺流程框图　见图 1-15。

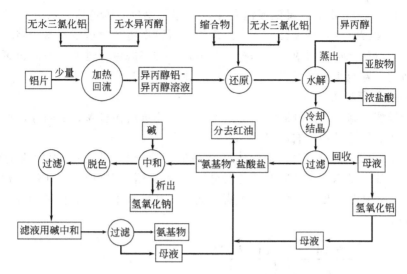

图 1-15　DL-苏型-1-对硝基苯基-2-氨基-1,3-丙二醇的工艺流程框图

1.3.3.9　D-苏型-1-对硝基苯基-2-氨基-1,3-丙二醇的制备（拆分）

a. 工艺原理

$$O_2N—\text{（苯环）}—CH(OH)—CHCH_2OH \xrightarrow{\text{拆分}}$$

混旋氨基物　　　　　　　　　　　　1R, 2R　　　　　　+　　　　　1S, 2S

混旋氨基物的拆分有两种方法。一种是利用形成非对映体的拆分法，即用一种旋光物质（如酒石酸）与 D-氨基物及 L-氨基物生成非对映体的盐，并利用它们在溶剂中溶解度的差异进行分离。然后分别脱去拆分剂，便可得到单纯的左旋体和右旋体。生产上常用酒石酸法。该方法的优点是拆分出来的旋光异构体光学纯度高，且操作方便、易于控制；缺点是生产成本较高。利用形成非对映体的拆分法拆分混旋氨基物的拆分过程如下：

$$\left.\begin{array}{l}\text{D-}(-)\text{-苏型氨基物}\\ \text{L-}(+)\text{-苏型氨基物}\end{array}\right\} \xrightarrow[\text{CH}_3\text{OH 煮沸}]{\text{D-}(+)\text{-酒石酸}} \left.\begin{array}{l}\text{D-}(-)\text{-苏型氨基物·D-}(+)\text{-酒石酸}\\ \text{L-}(+)\text{-苏型氨基物·D-}(+)\text{-酒石酸}\end{array}\right\} \xrightarrow[45℃溶解]{\text{冷却沉淀}}$$

$$\xrightarrow{\text{分离}} \left\{\begin{array}{l}\text{滤饼, D-}(-)\text{-苏型氨基物·D-}(+)\text{-酒石酸} \xrightarrow[\text{pH}=8\sim9]{\text{中和}} \text{D-}(-)\text{-苏型氨基物}\\ \text{滤液, L-}(+)\text{-苏型氨基物·D-}(+)\text{-酒石酸} \xrightarrow{\text{中和}} \text{L-}(+)\text{-苏型氨基物}\end{array}\right.$$

另一种方法为诱导结晶拆分法。即在氨基物消旋体的饱和水溶液中加入其中任何一种较纯的单旋体结晶作为晶种，则结晶成长并析出同种单旋体的结晶，迅速过滤；滤液再加入消旋体使成为适当过饱和溶液，冷却便析出另一种单旋体结晶。如此交叉循环拆分多次，达到分离目的。该法的优点是原材料消耗少，设备简单，拆分收率较高，成本低廉；缺点是拆分所得的单旋体的光学纯度较低，工艺条件控制较麻烦。

上述两种拆分方法生产上均有应用，下面以诱导结晶拆分法讨论工艺过程。

b. 工艺过程　在稀盐酸中加入一定比例的 DL-氨基物及 L-氨基物，升温至 60℃ 左右待全溶后，加活性炭脱色，过滤，滤液降温至 35℃，析出 L-氨基物，滤出。母液经调整旋光含量后，加入一定量的盐酸和 DL-氨基物，同法操作，再进行拆分，可依次制得 D-氨基物和 L-氨基物。母液循环套用。粗制 D-氨基物经酸碱处理、脱色精制，于 pH9.5～10.0 析出精制品，甩滤、洗涤、干燥后储存。

当拆分重复 50~80 次后，母液颜色变深，须进行脱色。脱色后，需分析母液组成并进行调整，然后继续拆分。当继续套用至一定次数，拆分所得产物质量不易合格，且脱色及调整配比无效时，可从该母液回收"氨基物"盐酸盐，加热脱色，过滤。滤液再碱化，可析出精制品，洗涤后干燥至水分含量在 0.3% 以下，再进行下步反应。

c. 反应条件及影响因素

（a）拆分母液配制　拆分母液配制很关键，一定要选用含量高、结晶好、色泽好的"氨基物"盐酸盐或混旋氨基物、右旋氨基物。

（b）采用诱导结晶拆分法时，消旋体必须是消旋混合物，即在溶液中它的两个对映体各自独立存在。如果是消旋化合物便不能拆分。消旋体的溶解度应大于任何一种单旋体的溶解度，这样单旋体结晶析出时，消旋体不析出而仍留在溶液中，从而获得拆分。

d. 工艺流程图　见图 1-16。

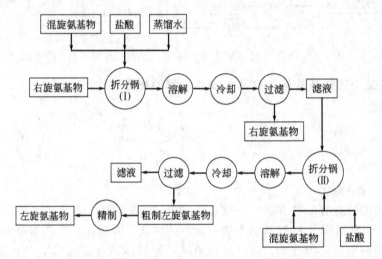

图 1-16　制备 D-苏型-1-对硝基苯基-2-氨基-1,3-丙二醇的工艺流程框图

1.3.3.10　氯霉素的制备

a. 工艺原理　D-氨基物和二氯乙酸甲酯经过二氯乙酰化反应后得到氯霉素。

$$\text{D-氨基物}(1R, 2R) + Cl_2CHCOOCH_3 \longrightarrow \text{氯霉素} + CH_3OH$$

b. 工艺过程　配料比：精制 D-氨基物：二氯乙酸甲酯：甲醇＝1:0.75:1.61（质量比）。

将甲醇置于干燥的反应罐内，加入二氯乙酸甲酯，在搅拌下加入 D-氨基物，于 60℃ 左右反应 1h。加入活性炭脱色，过滤。在搅拌下往滤液中加入蒸馏水，使氯霉素析出。冷至 15℃，过滤、洗涤、干燥，得氯霉素成品。

c. 反应条件及影响因素

（a）水分：本反应应无水操作。有水存在时，二氯乙酸甲酯水解生成的二氯乙酸会与氨基物成盐，影响反应正常进行。

（b）D-氨基物不稳定，遇空气易被氧化，不得混入金属杂质。

（c）配比：二氯乙酸甲酯的用量应比理论量稍多一些，以保证反应完全。溶剂甲醇的用量也应适当，过少影响产品质量，过多则影响产品收率。

d. 工艺流程框图　见图 1-17。

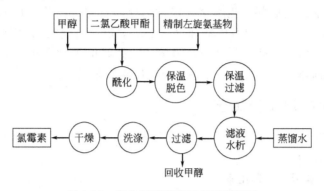

图 1-17　制备氯霉素的工艺流程框图

1.4　磺胺甲噁唑

1.4.1　磺胺甲噁唑的应用

磺胺甲噁唑（sulfamethoxazole）又称新明磺或新诺明（sinomin），化学名 N-(5-甲基-3-异噁唑基)-4-氨基苯磺酰胺；4-amino-N-(5-methyl-3-isoxazolyl) benzenesulfonamide 或 N-(5-methyl-3-isoxazolyl) sulfanilamide；简称 SMZ。

$$H_2N \text{—} \bigcirc \text{—} SO_2NH \text{—} \underset{N-O}{\bigcirc} \text{—} CH_3$$

本品为白色结晶性粉末，无臭，味微苦，几乎不溶于水，易溶于稀盐酸、氢氧化钠溶液或氨溶液，熔点为 168～172℃。

本品为中效磺胺药，抗菌谱广，抗菌作用强，对大多数革兰阳性及阴性病菌均有抑菌作用。适用于呼吸系统感染、泌尿系统感染、肠道系统感染、局部软组织或皮肤性化脓感染等。因排泄较慢，在血液有效浓度维持时间较长（半衰期 11h）。当 SMZ 和甲氧苄氨嘧啶（TMP）合用时，可以产生协同作用，其抗菌作用可以增强约 10 倍，而且可以延缓细菌耐药性的产生，对某些细菌的作用尚可由抑菌转变为杀菌。

本品的缺点是在体内乙酰化率较高，降低了尿中的溶解度，故易于出现结晶尿、血尿等。大剂量或长期服用时，宜与碳酸氢钠（小苏打）同服。

在抗细菌感染方面，由于抗生素不断更新，喹诺酮的发现和发展，正在逐步取代磺胺类药物。由于磺胺甲噁唑抗菌疗效和生产成本低等因素，其仍然为国家基本药物，属于应保持一定数量的品种。

1.4.2　磺胺甲噁唑生产工艺路线介绍

磺胺甲噁唑是 N-杂环磺胺衍生物，它的结构可以分为两部分，左半边为对氨基苯磺酰胺，右半边为 5-甲基异噁唑。

第一条路线：对乙酰氨基苯磺酰氯与 3-氨基-5-甲基异噁唑的合成。

第二条路线：氨苯磺酸钠与 3-氯-5-甲基异噁唑的合成。

第三条路线：由腈氧化物合成磺胺甲噁唑。

在上述三条路线中，第二条路线中原料氨苯磺酸钠是生产其他磺胺类药物的原料，它的合成方法很多并已经成熟，所以它的关键是 3-氯-5-甲基异噁唑的合成，目前其合成尚在探索中。第三条路线中采用原料是巴豆醛，经过肟化、氯化、消除、加成、环合再消除等反应，由于其反应收率极低（以巴豆酰肟计仅 2.4%），所以目前尚无生产价值。

工业生产一般采用的是第一条路线，这条合成路线的关键在于 3-氨基-5-甲基异噁唑的合成，以及缩合时选择与对乙酰氨基苯磺酰氯的反应工艺条件。

1.4.3　磺胺甲噁唑生产工艺

磺胺甲噁唑的生产工艺是由对乙酰氨基苯磺酰氯与 3-氨基-5-甲基异噁唑经过缩合、水解、精制等工序制得的。

1.4.3.1　对乙酰氨基苯磺酰氯的制取

a. 工艺原理　乙酰苯胺（退热冰）和氯磺酸在室温下反应，主要生成物是对乙酰氨基苯磺酸，同时有少量的对乙酰氨基苯磺酰氯（ASC）。

$$CH_3CONH\!-\!\bigcirc\!+ClSO_3H \longrightarrow CH_3CONH\!-\!\bigcirc\!-SO_3H + HCl\uparrow$$

$$CH_3CONH\!-\!\bigcirc\!+HOSO_2Cl \longrightarrow CH_3CONH\!-\!\bigcirc\!-SO_2Cl + H_2O$$
$$\text{ASC}$$

反应中生成的对乙酰氨基苯磺酸在过量的氯磺酸作用下，进一步转变为 ASC。

$$CH_3CONH\!-\!\bigcirc\!-SO_3H + ClSO_3H \longrightarrow CH_3CONH\!-\!\bigcirc\!-SO_2Cl + H_2SO_4$$
$$\text{ASC}$$

该反应同时也伴随着一些副反应，如生成物对乙酰氨基苯磺酰氯的水解，ASC 与未反应的原料乙酰苯胺缩合生成砜类化合物等。

$$CH_3CONH\!-\!\bigcirc\!-SO_2Cl + H_2O \longrightarrow H_2N\!-\!\bigcirc\!-SO_3N + CH_3COOH + HCl\uparrow$$

$$CH_3CONH\!-\!\bigcirc\!-SO_2Cl + \bigcirc\!-NHCOCH_3 \longrightarrow CH_3CONH\!-\!\bigcirc\!-SO_2\!-\!\bigcirc\!-NHCOCH_3$$

b. 工艺过程　向 15℃ 以下的氯磺酸中缓慢地加入乙酰苯胺（乙酰苯胺：氯磺酸=1.0：4.7，摩尔比），并不断排出反应中放出的氯化氢气体。加料后，于 50～60℃ 的温度下保温 2h，冷却到 30℃，置于氯磺化反应液储罐内静置 8～12h。

一次水解：将上述氯磺化反应液冷却到 15℃ 以下，于 20～25℃ 缓慢滴加计算量的水（使反应液中的氯磺酸全部分解，并使硫酸浓度为 90%，因为在 89.31% 的硫酸中，氯化氢的溶解度最低），同时回收氯化氢气体。

二次水解：将上述一次水解液流入约 20 倍水中稀释，并保持稀释温度在 30℃ 以下，析出对乙酰氨基苯磺酰氯，离心脱水，用水洗涤后，得白色对乙酰氨基苯磺酰氯粉末，收率 80% 左右。

c. 反应条件及影响因素

（a）氯磺酸摩尔比的影响　乙酰苯胺与氯磺酸反应时，理论上其摩尔比为 1：2，生产上将收率与生产成本综合考虑一般采用（1：4.5）～（1：5.0）（图 1-18）。

（b）温度的影响　氯磺化反应的初期主要生成对乙酰氨基苯磺酸，速度快，为放热反应，一般通过冷却使反应温度不超过 50℃，加料后，是大量的对乙酰氨基苯磺酸在过量的氯磺酸作用下转变为 ASC 的过程，是吸热反应，需适当的加热使其温度保持在 50℃ 左右，

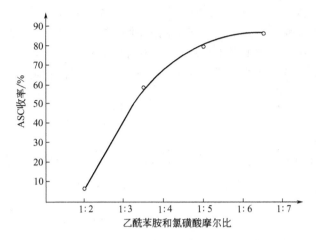

图 1-18　乙酰苯胺和氯磺酸摩尔比与 ASC 收率的关系

以促进反应的进行。

在乙酰苯胺氯磺化反应后的反应液中，除了 ASC 外，还有反应不完全的乙酰苯胺、对乙酰氨基苯磺酸，以及大量的硫酸和氯磺酸。为了分离，一般在反应后缓慢地加入大量水稀释，使过量的氯磺酸分解，也使硫酸等水溶性物质溶解，且同时析出在水中溶解度小的 ASC。加水时将放出大量的稀释热，使部分 ASC 溶解。因此一般控制稀释温度在 20℃ 以下，然后从水中分离白色粉状的 ASC。

$$CH_3CONH-\!\!\!\!\bigcirc\!\!\!\!-SO_2Cl + H_2O \longrightarrow CH_3CONH-\!\!\!\!\bigcirc\!\!\!\!-SO_3H + HCl\uparrow$$

另外，当乙酰苯胺在氯磺酸中进行反应时，以及氯磺化反应液加水稀释破坏过量氯磺酸时，均产生大量的氯化氢气体，一般用水吸收，并制成 35% 左右的浓盐酸。此外在析出 ASC 的母液中，一般含有 5%～7% 的硫酸。为了回收利用和"三废"处理，通常将离心分离出来的 ASC 母液冷却后，可反复套用到含硫酸 28% 以后，通入氨气制成硫酸铵。

　　d. 工艺流程框图　　见图 1-19。

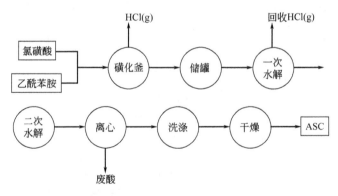

图 1-19　ASC 工艺流程框图

1.4.3.2　5-甲基异噁唑-3-甲酰胺的制取

3-氨基-5-甲基异噁唑的制取一般以草酸二乙酯或草酸二甲酯为起始原料，经过 Claisen 缩合、环合、胺解等反应制得 5-甲基异噁唑-3-甲酰胺；再经过 Hoffman 降解反应合成 3-氨基-5-甲基异噁唑。

（1）乙酰丙酮酸甲酯的合成

a. 工艺原理　丙酮在醇钠或金属钠的影响下，首先形成碳负离子，该离子对草酸二乙酯进行亲核加成，然后脱去一分子乙醇形成乙酰丙酮酸乙酯的钠盐。如果用甲醇为溶剂、甲醇钠为缩合剂，则得到的产物主要是乙酰丙酮酸甲酯的钠盐。这是由于在缩合反应时，乙酯基与甲醇之间进行酯交换的缘故。反应后用酸中和至酸性，即可得到乙酰丙酮酸甲酯。

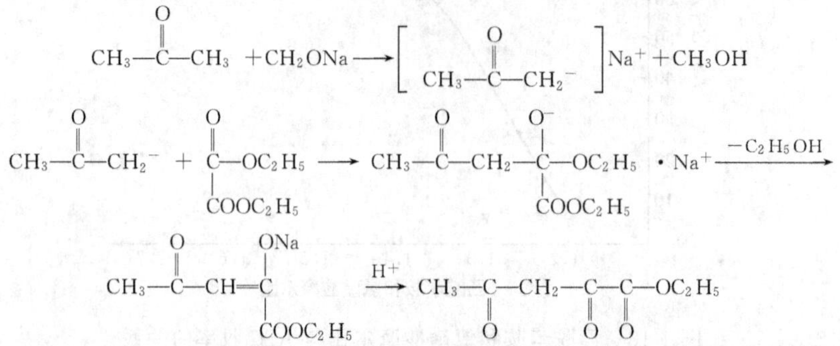

b. 反应条件及影响因素　反应系统中水含量对缩合反应影响很大。因为水作用于甲醇钠并定量地生成氢氧化钠。氢氧化钠不仅不能起到缩合剂的作用，还可以使形成的乙酰丙酮酸甲酯水解，生产乙酰丙酮酸钠。因此工艺上要求参与反应的原料（丙酮和甲醇）含水量必须控制在 0.5% 以下，甲醇钠中的游离碱（氢氧化钠）含量在 0.2% 以下。

当丙酮与草酸二乙酯进行缩合反应时，除主反应外，还有其他副反应，为了抑制副反应发生，工艺上要求丙酮稍过量，草酸二乙酯：丙酮＝1.0：1.155（摩尔比）。

缩合反应的温度宜低于 50℃ 进行。因为丙酮与草酸二乙酯间的缩合反应是在甲醇钠中进行的，故反应后得到的是乙酰丙酮酸酯的钠盐，需要用酸中和才可以得到乙酰丙酮酸酯。由于乙酰丙酮酸酯在碱性介质中不稳定，同时中和反应又是放热反应，因此中和反应既要防止局部过热，又要避免碱性。所以工艺上中和温度一般控制在 10℃ 以下，快速加入浓硫酸。

(2) 5-甲基异噁唑-3-甲酰胺的合成

a. 工艺原理　经缩合得到的乙酰丙酮酸酯与盐酸羟胺在酸性条件下生成 5-甲基异噁唑-3-甲酸酯。

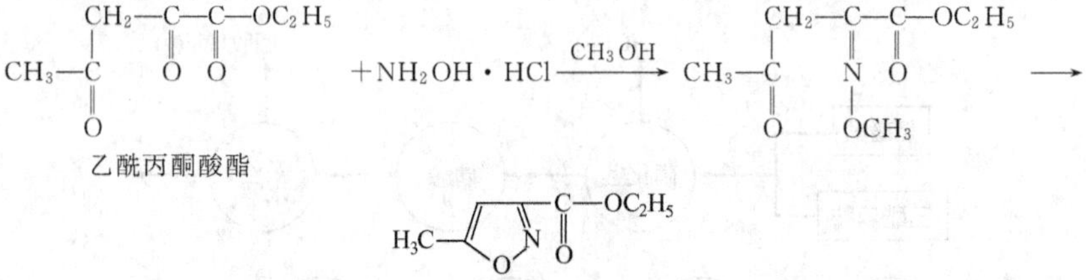

乙酰丙酮酸酯

5-甲基异噁唑-3-甲酸酯

5-甲基异噁唑-3-甲酸酯与氨进行亲核加成和脱醇反应，生成 5-甲基异噁唑-3-甲酰胺。

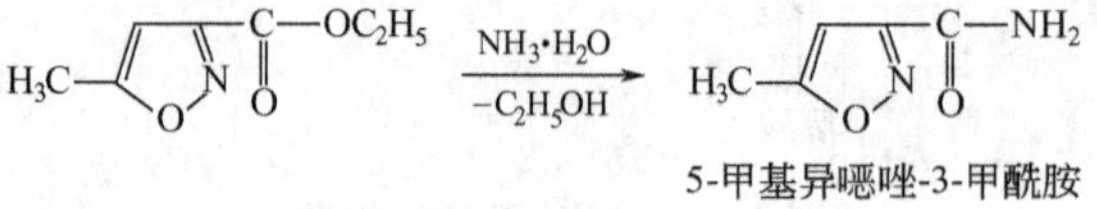

5-甲基异噁唑-3-甲酰胺

b. 反应条件及影响因素

在强酸条件下有利于环合反应，通常控制 pH＝3～4。

反应温度较高时，5-甲基异噁唑-3-甲酰胺收率略有提高，但其质量明显下降，因此生产上一般采用 70℃±2℃。

因为溶剂影响乙酰丙酮酸酯与盐酸羟胺的反应和随后的闭环反应，所以工艺上采用甲醇或乙醇为溶剂。

(3) 工艺过程

向含有20%的甲醇钠的甲醇溶液中，加入草酸二乙酯和丙酮的混合液（草酸二乙酯：丙酮：20%甲醇钠：甲醇＝1.0：1.155：1.15：0.95，摩尔比，下同），40～45℃反应2h，冷却至10℃以下，再补加一部分甲醇（为草酸二乙酯和丙酮混合液质量的一半）进行稀释。10℃以下，10～15min内，滴加硫酸至反应液的pH为3～4。立即加入盐酸羟胺（草酸二乙酯：盐酸羟胺＝1.0：0.95），70℃±2℃保温6h。冷却到15℃以下，通入氨气（草酸二乙酯：液氨＝1.0：5.0），于35～40℃下胺解2h，pH＝7.0～7.5。然后加压蒸出甲醇和乙醇的混合物，直至料液呈黏稠状。加水，于57～75℃加热1.5h，溶解中和时生成的大量无机盐。再冷却到25～30℃，保温搅拌1h，出料、离心脱水，用水洗涤，得白色或类白色鳞片状的5-甲基异噁唑-3-甲酰胺结晶性粉末。

1.4.3.3　3-氨基-5-甲基异噁唑的合成

a. 工艺原理　由5-甲基异噁唑-3-甲酰胺制取3-氨基-5-甲基异噁唑利用Hoffman降解反应，即将5-甲基异噁唑-3-甲酰胺与次氯酸钠在过量的氢氧化钠溶液中反应，然后升温，消除该酰胺中的羰基，转化为相应的氨基化合物。

3-氨基-5-甲基异噁唑

b. 工艺过程　在搅拌条件下，向含次氯酸钠10%±0.2%（质量分数，下同）、氢氧化钠5%的水溶液中，于10℃左右分次加入5-甲基异噁唑-3-甲酰胺（5-甲基异噁唑-3-甲酰胺：次氯酸钠＝1.00：1.05，摩尔比），使反应温度不超过25℃。投料完毕，于23～25℃保温4h，放置8h，然后补加上述反应液总质量一半的液碱和水，并使整个反应器内含氢氧化钠5.6%，再将反应液通入内径2cm、长21m的钢管反应器中，反应器于170～180℃油浴加热，在内压为0.78MPa（表压）下，以1L/min的速度流过反应器。反应液冷却后，即用氯仿逆流提取，回收氯仿，得到3-氨基-5-甲基异噁唑。

c. 反应条件及影响因素　在此反应中，反应温度是十分重要的影响因素。5-甲基异噁唑-3-甲酰胺与次氯酸钠和氢氧化钠反应，生成5-甲基异噁唑-3-氯代酰胺钠盐，在15～20℃下即可顺利而迅速地进行。当5-甲基异噁唑-3-甲酰胺在反应液中完全溶解时，几乎形成定量的5-甲基异噁唑-3-氯代酰胺钠盐，同时还生成少量的5-甲基异噁唑-3-甲酸钠（可以忽略不计）。但从5-甲基异噁唑-3-氯代酰胺钠盐通过加热转化成3-氨基-5-甲基异噁唑，以及5-甲基异噁唑-3-甲酰胺被水解生成副产物5-甲基异噁唑-3-甲酸钠的反应，受反应时间和温度的影响很大。因此在一定的温度下，适当地延长反应时间有利于反应的完成。

在5-甲基异噁唑-3-甲酰胺与次氯酸钠和氢氧化钠反应，生成5-甲基异噁唑-3-氯代酰胺钠盐的反应中，次氯酸钠的用量对反应也有影响，以不超过理论量的5%为宜。

1.4.3.4　3-(对乙酰氨基苯磺酰氨基)-5-甲基异噁唑的制取

a. 工艺原理　对乙酰氨基苯磺酰氯与3-氨基-5-甲基异噁唑缩合时，可以得到3-（对乙酰氨基苯磺酰氨基）-5-甲基异噁唑以及1mol的氯化氢。

b. 工艺过程　在 3-氨基-5-甲基异噁唑水溶液中，加入氯化钠和适量的水（折纯后的 3-氨基-5-甲基异噁唑：水：氯化钠＝1.0：1.8：1.53，质量比），于 40～45℃搅拌溶解，然后降温至 30～35℃，加入碳酸氢钠，在 25～30℃，10～20min 内分次加入 ASC［3-氨基-5-甲基异噁唑：碳酸氢钠：ASC（含水 10%以下）＝1.0：1.17：3.6，质量比］，然后在 38～42℃保温 5h，保温期间 pH＝4～6（用碳酸氢钠调节），冷却到室温放置。

c. 反应条件及影响因素　缩合反应中生成的氯化氢，可以加速水解对乙酰氨基苯磺酰氯的副反应。因此需要在反应液中有有机或无机弱碱性物质，以及时除去 HCl。

常用无水吡啶，使其生成吡啶盐酸盐，同时吡啶又可以作为反应物的溶剂。此时缩合反应的收率可以达到 90%以上，产品质量较好。该法的缺点是吡啶毒性较大，且价格较高。为了减少缩合反应中 ASC 的水解，还需要用干燥的 ASC 处理吡啶，因此还需要一套回收设备。

采用在少量水中进行缩合反应，用碳酸氢钠中和反应生成的 HCl。同时为了防止碳酸氢钠的碱性加速对乙酰氨基苯磺酰氯的水解，在缩合反应中，还加入较多的氯化钠，以同离子效应抑制碳酸氢钠在水中的溶解和离解度。这种缩合方法比上述在无水吡啶中缩合收率约低 8%，但因在少量水中缩合，原料 ASC 不需要干燥，操作方便，成本低，故为生产所采用。

经实验发现，在酸性条件下（pH＝4～6）下缩合，不仅质量上升，同时收率也有所提高。

缩合反应中，如果原料 ASC 中含有少量杂质，或反应条件控制不当，如投碱量过多，反应温度较高，会使乙酰基过早脱去，而形成高熔点的副产物。因此生产中必须严格控制乙酰苯胺和 ASC 的质量。

1.4.3.5　磺胺甲噁唑的制备

a. 工艺原理　经过缩合反应得到的中间体 3-（对乙酰氨基苯磺酰氨基）-5-甲基异噁唑比磺胺甲噁唑在 N 上多一个乙酰基，在强酸或强碱中加热回流时被水解脱去。

$$CH_3CONH-\!\!\!\bigcirc\!\!\!-SO_2NH-\langle\rangle\text{-}CH_3 \xrightarrow{\text{水解}} H_2N-\!\!\!\bigcirc\!\!\!-SO_2NH-\langle\rangle\text{-}CH_3$$

根据磺胺甲噁唑分子中芳氨基呈弱碱性，而磺酰氨基氮上的氢又具有弱酸性，因此该化合物既可以与强酸形成盐，也可以与强碱形成盐。成盐后的化合物在水中的溶解度很大，当将其成盐后的水溶液中和至该分子的等电点（pH＝5.5）时，即可以析出水中溶解度很小的磺胺甲噁唑，因此可以利用这个性质对其粗产品进行精制。

b. 工艺过程　将缩合产物加入到 12 倍的 10%氢氧化钠水溶液中（以 3-氨基-5-甲基异噁唑的质量计），反应 pH＝14，然后加热至 104～106℃，保温 2h，冷却到 85℃以下，用浓盐酸中和至 pH＝10～11，中和温度应低于 90℃，加入活性炭保温脱色、压滤，滤液在 75～80℃下继续用浓盐酸中和至 pH＝4.6～4.8，冷却至 25～30℃以下，离心脱水，得土黄色结晶磺胺甲噁唑粗品，收率一般为 84%。

将磺胺甲噁唑粗品溶解在约 12 倍质量的石灰乳和洗炭水中，升温至 70℃，pH 稳定在 10～11，再加入活性炭，于 85～90℃保温 50min，过滤，滤液升温至 80～84℃，加少量的保险粉、水合肼，立即用 25%～30%乙酸中和至 pH＝5.4，缓慢降温至 25℃，离心脱水，结晶，用去离子水洗涤至无 Cl⁻、Ca²⁺时为止。出料、干燥，得磺胺甲噁唑白色结晶，熔点 168～170℃，精制率 88%～90%。

c. 反应条件及影响因素　氨由 3-（对乙酰氨基苯磺酰氨基）-5-甲基异噁唑水解得到磺

胺甲噁唑，一般采用 10％氢氧化钠进行反应，可以避免酸对设备的腐蚀。水解后的中和温度 75～80℃，否则将促使磺胺甲噁唑分解，使其杂质含量增加。

精制时，由于磺胺甲噁唑在强酸或强碱中加入时，会有少量分解，使得产品略带黄色。所以目前基本上是将其粗产品溶解在过量的氢氧化钙水溶液中，使其成为钙盐。加热，用活性炭脱色，滤液中加少量还原剂，如保险粉、水合肼等，然后用乙酸中和，生成的乙酸钙溶解度很大，易于从析出的磺胺甲噁唑中水洗除去。

精制过程中，不仅要严格控制中和终点的 pH 值，温度的控制也很重要。一般在稍高温度下，将磺胺甲噁唑钙盐进行脱色，并在稍高的温度下进行中和，然后通过缓慢降温，至 20℃以下，使其晶体颗粒粗大，析出完全。

d. 工艺流程框图　见图 1-20。

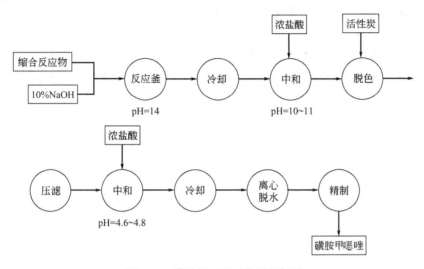

图 1-20　磺胺甲噁唑工艺流程框图

训练项目

1. 写出以硝基苯为原料制备对氨基苯酚的几种方法。并比较它们的优缺点。

2. 乙酰化反应时，为何产物中有少量深褐色或黑色物质？如何避免这些物质的产生？

3. 制备对氨基苯酚时为何要调节 pH 为 9？

4. 写出年产 5000t 对乙酰氨基酚的各工序的原料投料量。

5. 写出以苯酚为原料的对亚硝基苯酚路线或以对硝基苯酚钠为原料的路线的对乙酰氨基酚生产工艺规程。

6. 对比国内外布洛芬的合成路线，分析它们的特点？

7. 傅-克反应的特点？操作傅-克反应应注意的问题？

8. 氧化法合成布洛芬加入焦亚硫酸钠的作用？写出相关反应式。

9. Darzen 缩合反应的机理？

10. 对化学工业的"清洁生产"的理解，在生产中如何应用？

11. 编制布洛芬工业生产的工艺规程。

12. 结合氯霉素的实验室制备方法和对硝基苯乙酮法生产氯霉素的工艺过程，分组讨论实验室和生产上制备氯霉素时，各步反应所用仪器和工艺条件的异同点？（学生们可结合氯霉素的实验室制备方法在实训室制备氯霉素并分析检测。）

13. 乙苯硝化时，主要的副产物是什么？在生产中硫酸的配制方法和实验室有何不同？为什么？为保证安全生产，生产中采用了哪些措施？

14. 对硝基-α-溴代苯乙酮生产过程中，为什么先加少量的溴，待反应开始后再加入剩余的溴？

15. 在对硝基-α-乙酰氨基苯乙酮生产过程中，其加料次序应如何安排，为什么？反应终点应如何判定，为什么？

16. 试分析由对硝基-α-乙酰氨基-β-羟基苯丙酮还原生成混旋氨基物时为什么用异丙醇铝做还原剂？能否用其他还原剂？

17. 改变氯磺酸的摩尔比，作其与 ASC 的收率图。

18. 改变反应温度，确定适宜的氯磺化反应温度。

19. 确定缩合反应中适宜的 pH 范围。

20. 利用实训室条件，做 3-(对乙酰氨基苯磺酰氨基)-5-甲基异噁唑的酸性和碱性水解，并比较。

任务 2　制药工艺设计基本技能

教学目标：

　　1. 了解化学制药工艺路线几种基本设计方法。合理运用模拟类推法和文献归纳法。

　　2. 理解化学制药工艺路线的选择依据和改造途径。

　　3. 认识工艺过程中影响因素和实验室小试的重要性。

能力目标：

　　1. 开展研究性学习，具备查阅文献和归纳总结能力。

　　2. 具有实验室小试确定反应原理的技能。

　　3. 具有中试放大确定工艺过程的技能。

　　4. 明确岗位操作责任制。

2.1　化学制药工艺路线的选择

　　化学药物的工艺路线选择必须先对结构类似的化合物进行文献资料的查找，并分析和研究资料；优选若干条技术先进、操作条件切实可行、设备条件容易解决、原辅材料有可靠来源的药物合成路线。通常将具有工业生产价值的合成路线称为化学药物的工艺路线。在化学合成药物的工艺研究中，首先是工艺路线的设计和选择，以确定一条经济而有效的生产工艺路线。药物生产工艺路线的设计和选择的一般程序如下。

　　① 必须先对类似的化合物进行国内外文献资料的调查和研究工作。

　　② 优选一条或若干条技术先进、操作条件切实可行、设备条件容易解决、原辅材料有可靠来源的技术路线。

　　③ 写出文献总结和生产研究方案（包括多条技术路线的对比试验）。

　　工艺路线设计与选择的研究对象如下。

　　① 即将上市的新药。在新药研究的初期阶段，对研究中新药（investigational drug，IND）的成本等经济问题考虑较少，化学合成工作一般以实验室规模进行。当 IND 在临床试验中显示出优异性质之后，便要加紧进行生产工艺研究，并根据社会的潜在需求量确定生产规模。这时必须把药物工艺路线的工业化、最优化和降低生产成本放在首位。

　　② 专利即将到期的药物。药物专利到期后，其他企业便可以仿制，药物的价格将大幅度下降，成本低、价格廉的生产企业将在市场上具有更强的竞争力，设计、选择合理的工艺路线显得尤为重要。

　　③ 产量大、应用广泛的药物。某些活性确切的老药，社会需求量大、应用面广，如能设计、选择更加合理的工艺路线，简化操作程序、提高产品质量、降低生产成本、减少环境污染，可为企业带来极大的经济效益和良好的社会效益。

2.1.1　工艺路线设计方法

　　药物工艺路线设计的基本内容，主要是针对已经确定化学结构的药物或潜在药物，研究如何应用化学合成的理论和方法，设计出适合其生产的工艺路线。其意义：具有生物活性和医疗价值的天然药物，由于它们在动植物体内含量太少，不能满足需求，因此需要全合成或半合成。根据现代医药科学理论找出具有临床应用价值的药物，必须及时申请专利和进行化学合成与工艺设计研究，以便经新药审批获得新药证书后，尽快进入规模生产。引进的或正在生产的药物，由于生产条件或原辅材料变换或要提高医药品质量，需要在工艺路线上改进与革新。

在设计药物的合成路线时，首先应从剖析药物的化学结构入手，然后根据其结构特点，采取相应的设计方法。药物剖析的方法：①对药物的化学结构进行整体及部位剖析时，应首先分清主环与侧链，基本骨架与功能基，进而弄清功能基以何种方式和位置同主环或基本骨架连接；②研究分子中各部分的结合情况，找出易拆键部位，键易拆的部位也就是设计合成路线时的连接点以及与杂原子或极性功能基的连接部位；③考虑基本骨架的组合方式、形成方法；④功能基的引入、变换、消除与保护；⑤手性药物，需考虑手性拆分或不对称合成等。

药物合成工艺路线设计属于有机合成化学中的一个分支，从使用的原料来分，有机合成可分为全合成和半合成两类。半合成（semi synthesis）：由具有一定基本结构的天然产物经化学结构改造和物理处理过程制得复杂化合物的过程。全合成（total synthesis）：以化学结构简单的化工产品为起始原料，经过一系列化学反应和物理处理过程制得复杂化合物的过程。

与此相应，合成路线的设计策略也分为两类。由原料而定的合成策略：在由天然产物出发进行半合成或合成某些化合物的衍生物时，通常根据原料来制定合成路线。由产物而定的合成策略：有目标分子作为设计工作的出发点，通过逆向变换，直到找到合适的原料、试剂以及反应为止，是合成中最为常见的策略。

在天然产物全合成的实践中，哈佛大学的 Corey 教授于 20 世纪 60 年代提出了"逆合成分析"（retrosynthetic analysis）的合成设计策略，将有机合成和药物合成设计提到了逻辑推理的高度，使合成设计趋向于规律化和合理化，因此荣获 1990 年诺贝尔化学奖。1996年，加州大学伯克利分校的 Spaller 等首先提出了在合成中采用正向分析（forward analysis）策略的思想，其后，哈佛大学的 Burke 等又正式提出了"正向合成分析"（forward-syntheticanalysis）的概念，完善了有机合成和药物合成规律，丰富了药物合成的策略，进一步促进了天然产物和药物合成的发展。天然产物全合成和药物合成因此成为一门将科学和艺术融于一体的技术。

逆合成的过程是对目标分子进行切断（disconnection），寻找合成子（synthon）及其合成等价物（synthetic equivalent）的过程。切断（disconnection）：目标化合物结构剖析的一种处理方法，想象在目标分子中有价键被打断，形成碎片，进而推出合成所需要的原料。切断的方式有均裂和异裂两种，即切成自由基形式或电正性、电负性形式，后者更为常用。切断的部位极为重要，原则是"能合的地方才能切"，合是目的，切是手段，与 200 余种常用的有机反应相对应。合成子（synthon）：已切断的分子的各个组成单元，包括电正性、电负性和自由基形式。合成等价物（synthetic equivalent）：具有合成子功能的化学试剂，包括亲电物种和亲核物种两类。

合成路线设计的基本方法，是逆合成（retrosynthesis）方法，在此基础上，还有分子对称性法、模拟类推法、类型反应法和文献归纳法等。

2.1.1.1　追溯求源法

追溯求源法：从药物分子的化学结构出发，将其化学合成过程一步一步逆向推导进行寻源的思考方法，又称倒推法或逆向合成分析（retrosynthesis analysis）。追溯求源法的基本过程如下。

① 化合物结构的宏观判断：找出基本结构特征，确定采用全合成或半合成策略。

② 化合物结构的初步剖析：分清主要部分（基本骨架）和次要部分（官能团），在通盘考虑各官能团的引入或转化的可能性之后，确定目标分子的基本骨架，这是合成路线设计的重要基础。

③ 目标分子基本骨架的切断：在确定目标分子的基本骨架之后，对该骨架的第一次切断，将分子骨架转化为两个大的合成子，第一次切断部位的选择是整个合成路线的设计关键步骤。

④ 合成等价物的确定与再设计：对所得到的合成子选择合适的合成等价物，再以此为目标分子进行切断，寻找合成子与合成等价物。

⑤ 重复上述过程，直至得到可购得的原料。

在化合物合成路线设计的过程中，除了上述的各种构建骨架的问题之外，还涉及官能团的引入、转换和消除，官能团的保护与去保护等；若是系手性药物，还必须考虑手性中心的构建方法和在整个工艺路线中的位置等问题。

【例 2-1】　促凝血药氨甲环酸（tranexamic acid）

氨甲环酸的骨架具有环己烷的结构，按照官能团转化的方法，可由环己烯类经还原得到。环己烯类化合物可由环己醇转化而来，也可以由丁二烯与乙烯通过 Diels-Alder 反应得到。氨甲环酸的合成设计可由氯代丁二烯与丙烯酸酯经 Diels-Alder 反应得关键中间体 4-氯-3-环己烯甲酸甲酯，再经氰化和还原等制得氨甲环酸。

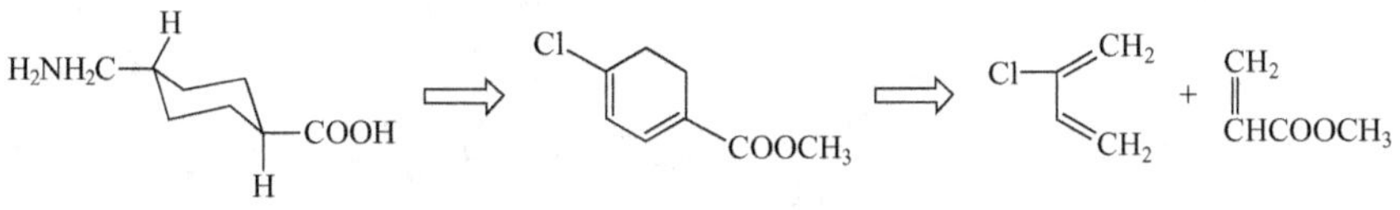

氨甲环酸　　　　　　　　　4-氯-3-环己烯甲酸甲酯

2.1.1.2　分子对称法

分子对称法：对某些药物或者中间体进行结构剖析时，常发现存在分子对称性（molecular symmetry），具有分子对称性的化合物往往可由两个相同的分子经化学合成反应制得，或可以在同一步反应中将分子的相同部分同时构建起来。分子对称法也是药物合成工艺路线设计中可采用的方法。

分子对称法的切断部位：沿对称中心、对称轴、对称面切断。

分子对称法——有许多具有分子对称性的药物可用分子中相同两个部分进行合成。

【例 2-2】　骨骼肌松弛药肌安松（paramyon）又称内消旋 3,4-双（对二甲氨基苯基）己烷双碘甲烷盐，具有分子对称性，可用分子中相同两个部分进行合成。肌安松合成路线如下：

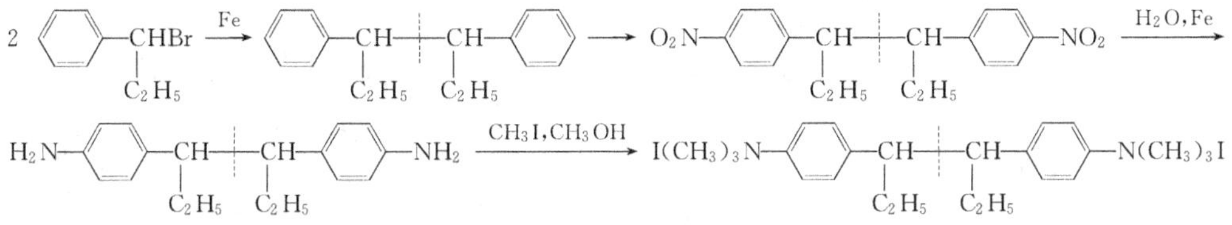

2.1.1.3　类型反应法

类型反应法：指利用常见的典型有机化学反应与合成方法进行的合成设计。主要包括各类有机化合物的通用合成方法，功能基的形成、转换，保护的合成反应单元。

【**例 2-3**】　布洛芬（ibuprofen，brufen）的化学名为 2-(4-异丁基苯基) 丙酸，IUPAC 命名 2-methyl-4-(2-methylpropyl) benzeneacetic acid，化学结构如下：

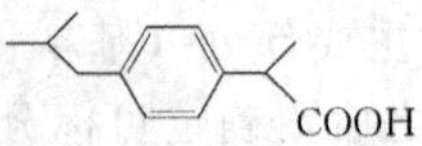

布洛芬是具有明显类型结构特点以及功能基特点的化合物，可采用类型反应法进行设计。以异丁基苯为原料，主要考虑如何引入 α-甲基乙酸基团。非甾体抗炎镇痛药布洛芬的合成工艺路线，按照原料不同可归纳为 5 类 27 条，见"1.2 布洛芬"。

应用类型反应法进行药物或中间体设计时，若功能基的形成与转化的单元反应排列方法出现两种或两种以上不同安排时，不仅需从理论上考虑更为合理的排列顺序，而且更要从实践上着眼于原辅材料、设备条件等进行实验研究，经过试验设计及优选方法遴选，反复比较来选定。

2.1.1.4　模拟类推法

模拟类推法：对化学结构复杂、合成路线设计困难的药物，可模拟类似化合物的合成方法进行合成路线设计。从初步的设想开始，通过文献调研，改进他人尚不完善的概念和方法来进行药物工艺路线设计。

注意事项：在应用模拟类推法设计药物合成工艺路线时，还必须与已有方法对比，注意比较类似化学结构、化学活性的差异。模拟类推法的要点在于适当的类比和对有关化学反应的了解。

【**例 2-4**】　祛痰药杜鹃素（farreol）和紫花杜鹃素（matteucinol）都属于二氢黄酮类化合物。

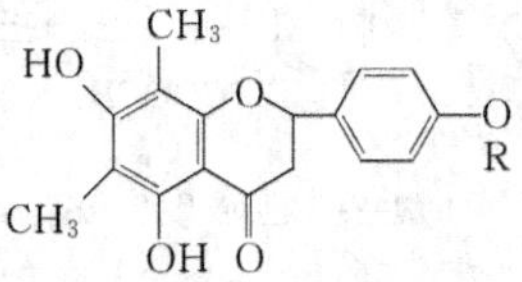

R=H　　杜鹃素
R=CH₃　紫花杜鹃素

因此，可模拟二氢黄酮的合成途径进行工艺路线设计。结构中存在的甲基和羟基，显然是分子骨架形成前就已具备的。它们可采用相应的酚类与苯丙烯酸或苯丙烯酰氯进行环合；也可用相应的酮类化合物，经查耳酮类中间体制备杜鹃素和紫花杜鹃素。

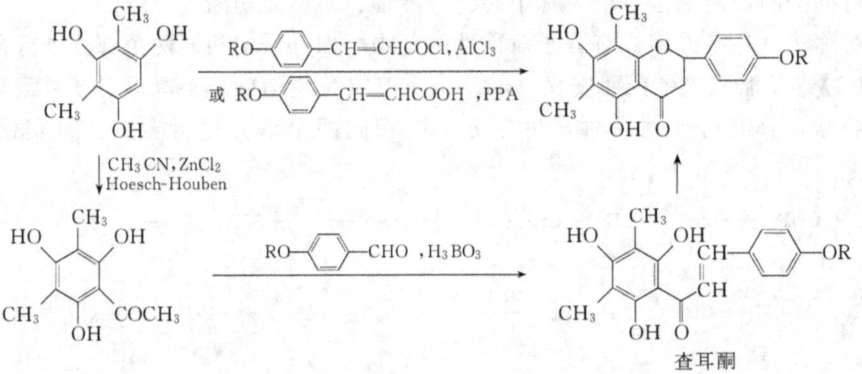

查耳酮

【**例 2-5**】　中药黄连中的抗菌有效成分——小檗碱（黄连素，berberine）的合成路线也是个很好地应用模拟类推法的例子。小檗碱的合成模拟帕马丁（palmatine）和镇痛药四氢帕马丁硫酸盐（延胡索乙素，tetrahydropalamatine sulfate）的合成方法。它们都具有母核二苯并 [a,g] 喹啉，含有稠合的异喹啉环结构。

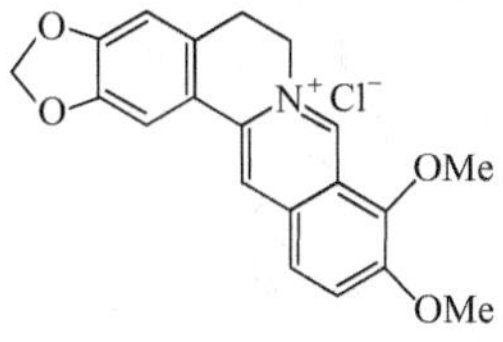

黄连素 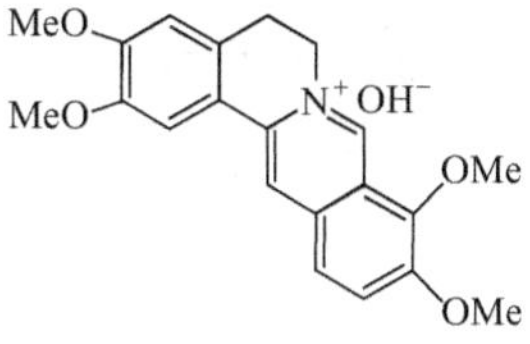　　　　　　　帕马丁 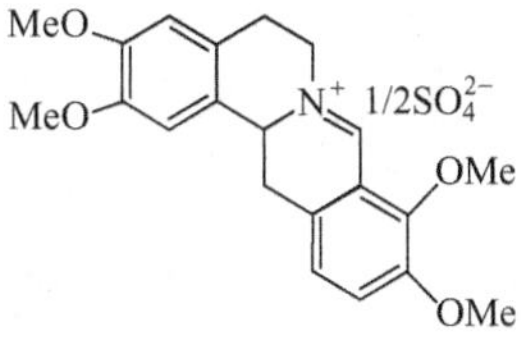　　　　　　延胡索乙素

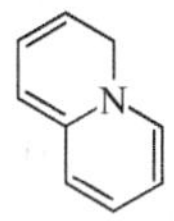

4H-喹啉　　　　　　　二苯并 [a, g]喹啉

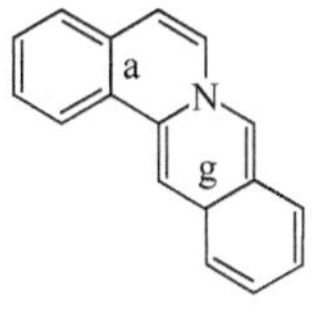

小檗碱可以 3,4-二甲氧基苯乙酸为起始原料，采用合成异喹啉环的方法，经 Bischler-Napieralski 反应及 Pictet-Spengler 反应先后两次环合而得。合成路线如下：

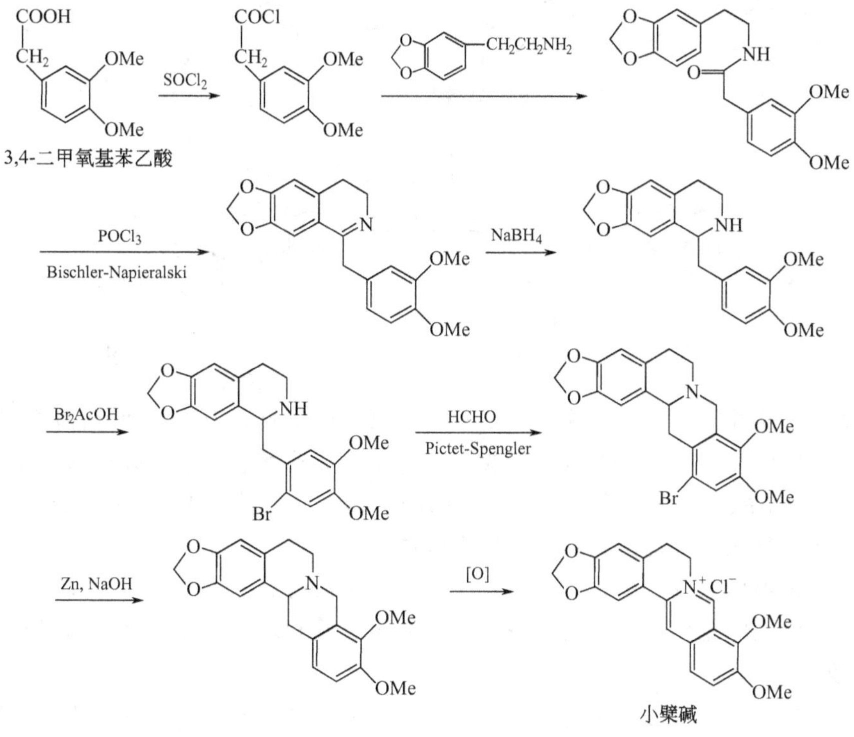

在 Pictet-Spengler 环合反应前进行溴化，目的是为了提高环合的位置选择性，最后一步氧化反应可采用电解氧化或 HgI 做氧化剂。从合成化学观点考察，这条合成路线是合理而可行的。但由于合成路线较长，收率不高，且使用昂贵的试剂，因而不适宜于工业生产。

1969 年 Muller 等发表了帕马丁的合成法，3,4-二甲氧基苯乙胺与 2,3-二甲氧基苯甲醛进行脱水缩合生成 Schiff 碱，并立即将其双键还原转变成苯乙基苯甲基亚胺的骨架，然后与乙二醛反应，一次引进两个碳原子而合成二苯并 [a,g] 喹嗪环。按这个合成途径得到的是二氢巴马汀高氯酸盐与巴马汀高氯酸盐的混合物。

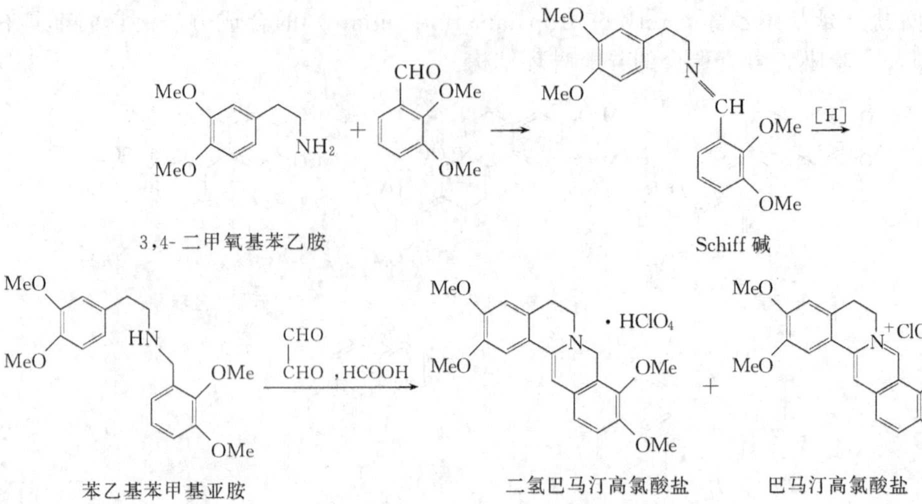

3,4-二甲氧基苯乙胺   Schiff 碱

苯乙基苯甲基亚胺   二氢巴马汀高氯酸盐   巴马汀高氯酸盐

参照上述帕马丁的合成方法，设计了从胡椒乙胺与2,3-二甲氧基苯甲醛出发合成小檗碱的工艺路线，并试验成功。

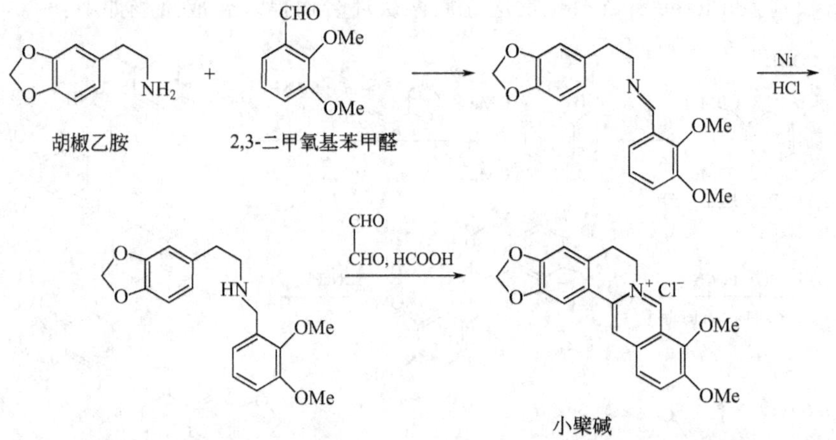

胡椒乙胺   2,3-二甲氧基苯甲醛

小檗碱

按这条工艺路线制得的小檗碱产品中不含二氢化衍生物。产物的理化性质与抑菌能力同天然提取的小檗碱完全一致，符合药典要求。这条合成路线较前述路线更为简捷，所用原料2,3-二甲氧基苯甲醛是工业生产香料香兰醛的副产物。四氢帕马丁硫酸盐也可用模拟类推法进行化学合成，其成本接近由天然来源的提取法。

在应用模拟类推法设计药物工艺路线时，还必须与已有的方法对比，并注意对比类似化学结构、化学活性的差异。模拟类推法的要点在于类比和对有关化学反应的了解。

2.1.1.5 文献归纳法

在设计化学药物的合成路线时，除了采用上述方法外，对于简单分子或已知结构衍生物的合成设计，常可通过查阅有关专著、综述或化学文献，找到若干可供模拟的方法。查阅文献时，除对需要合成的化合物本身进行合成方法的查阅外，还应对其各个中间体的制备方法进行查阅，再比较、摸索后选择一条实用的路线。这种方法是经典合成方法的继续，其中对选定合成路线起主导作用的是化学文献介绍的已知方法和理论。

文献归纳法具有减少试制工作量独特的优点，从而引起广泛的重视，并在实践中不断地改进和完善，逐渐成为一般合成方法。

例如嘧啶的通用合成方法之一，是利用尿素（硫脲、胍和脒）与1,3-二羰基化合物环合反应来制备。

根据以上的方法可以归纳出巴比妥的合成方法，在丙二酸二乙酯的 2 位引入两个乙基后，再与脲缩合成环，得到巴比妥。这也是巴比妥类药物的一般合成法。

苯巴比妥的合成就是根据上述方法运用归纳法设计出来的。不过由于卤苯的卤素不活泼，如果直接用卤代苯和丙二酸二乙酯反应引入苯基，收率极低，无实际意义。因此，一般以氯苄为起始原料，经氰化、水解、酯化制得苯乙酸乙酯。利用其分子中的 α-碳原子上的活泼氢同一个不含 α-活泼氢的二元羧酸酯，在醇钠的催化下通过 Claisen 酯缩合，加热脱羧，制得 2-苯基丙二酸二乙酯后，再用一般烃化的方法引入乙基，最后与脲缩合，即得苯巴比妥。

不断积累文献资料和尽快对其中有用的信息进行分析、归纳和存储，是正确应用文献归纳法的重要环节。

2.1.2 工艺路线选择依据

通过文献调研可以找到关于一个药物的多条合成路线，它们各有特点。至于哪条路线可以发展成为适于工业生产的工艺路线，则必须通过深入细致的综合比较和论证，选择出最为合理的合成路线，并制定出具体的实验室工艺研究方案。

当然如果未能找到现成的合成路线或虽有但不够理想时，则可参照上一节所述的原则和方法进行设计。

在综合药物合成领域大量实验数据的基础上，归纳总结出评价合成路线的基本原则，对于合成路线的评价与选择有一定的指导意义。合成路线的基本原则：① 化学合成途径简洁，即原辅材料转化为药物的路线要简短；② 所需的原辅材料品种少且易得，并有足够数量的供应；③ 中间体容易提纯，质量符合要求，最好是多步反应连续操作；④ 反应在易于控制的条件下进行，如安全、无毒；⑤ 设备条件要求不苛刻；⑥ "三废"少且易于治理；⑦ 操作简便，经分离、纯化容易达到药用标准；⑧ 收率最佳、成本最低、经济效益最好。下面仅就药物合成工艺路线的评价和选择的重点问题加以探讨。

2.1.2.1　原辅材料

选择工艺路线，首先应考虑每一合成路线所用的各种原辅材料的来源、规格和供应情况，其基本要求是利用率高、价廉易得。所谓利用率，包括化学结构中骨架和功能基的利用程度，这取决于原料和试剂的结构、性质及所进行的反应。为此必须对不同合成路线所需要的原料和试剂作全面的了解，包括理化性质、相类似反应的收率、操作难易以及市场来源和价格等。

有些原辅材料一时得不到供应，则需要考虑自行生产的问题，同时要考虑原辅材料的质量规格以及运输等。对于准备选用的那些合成路线，应根据已找到的操作方法，列出各种原料的名称、规格、单价，算出单耗，进而算出所需要各种原辅材料的成本和原辅材料的总成本，以资比较。

例如甲氧苄啶（trimethoprim）的重要中间体 3,4,5-三甲氧基苯甲醛，按其原辅材料供应可有两种方案。

(1) 以鞣酸为原料

鞣酸（单宁酸，tannic acid）是中药五倍子的主要成分，五倍子为倍蚜科昆虫角倍蚜或倍蛋蚜在其寄生的盐肤木、青麸杨或红麸杨等树上形成的虫瘿。在我国原料来源充足，制备简便，价格便宜。鞣酸水解制备 3,4,5-三甲氧基苯甲酸甲酯的收率可达95％以上。由 3,4,5-三甲氧基苯甲酸甲酯经 3,4,5-三甲氧基苯甲酰肼氧化得到 3,4,5-三甲氧基苯甲醛，收率76％。

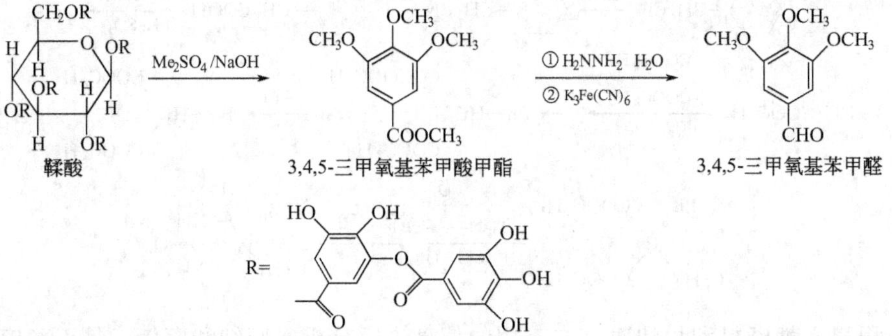

(2) 以香兰醛为原料

香兰醛的来源有天然和合成两条途径。天然来源是从木材造纸废液中回收木质素水解产物——木质磺酸钠，经氧化可得香兰醛。木质磺酸钠是资源丰富、价格便宜的原料，值得在化学制药工业中加以利用。香兰醛的另一个来源途径是化学合成，以邻氨基苯甲醚为原料，经愈创木酚得到香兰醛。香兰醛经溴代、水解可得 5-羟基香兰醛，甲基化得到 3,4,5-三甲氧基苯甲醛。溴化、水解和甲基化三步反应的收率分别为99.4％、83.3％和90％，总收率为74.5％。这是一条反应步骤最短、收率高的合成路线。

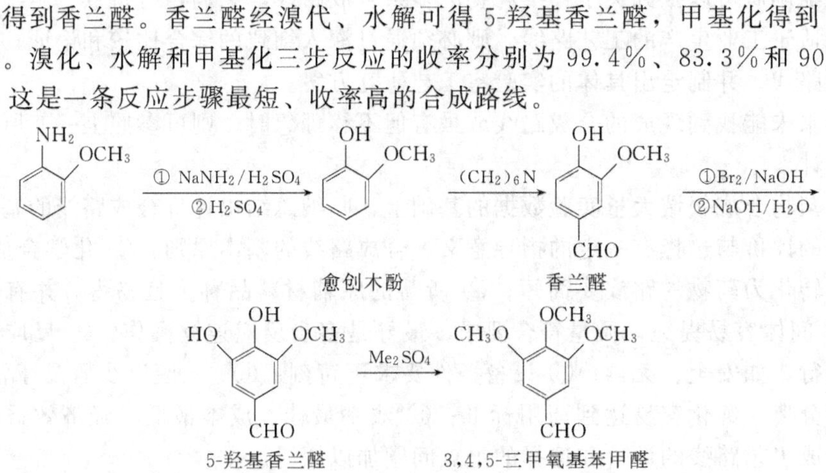

国内外各种医药化工原料和试剂目录或手册可为挑选合适的原料和试剂提供重要线索。另外，了解工厂的生产信息，特别是有关药物和化工重要中间体方面的情况，亦对原料选用有很大帮助。

总之，在选择合成路线时，原料的选择要因地制宜，主要原料成本高的，就近选择或在主要原料产地建厂，辅料要选择运输便利的。对于某些工艺关键的原料要做好自己生产的准备，特别是需要进口的原料，借此降低成本。结构复杂的药物，如甾体激素，若用简单化工原料合成步骤多，应尽量寻找天然原辅材料进行半合成。此外，还要考虑综合利用，有些产品的边角料可以成为其他产品的宝贵原料。

2.1.2.2　设备结构

药物的生产条件很复杂，从低温到高温，从真空到高压，从易燃易爆到剧毒、强腐蚀性物料等，千差万别。不同的生产条件对设备及其材质有不同的要求，而先进的生产设备是产品质量的重要保证，因此，考虑设备及材质的来源、加工以及投资问题在设计工艺路线时是必不可少的。

选择设备条件不苛刻的工艺路线是基本原则。如苯胺重氮化制备苯肼时，若用一般的间歇反应釜，为防止高温下重氮盐的分解，导致其他副反应，需要在 $0 \sim 5$℃进行反应，必须用冷溶剂进行冷却控温，所涉及的设备较苛刻。而采用管道反应器，使生成的重氮盐来不及分解即迅速转入下一步还原反应，就可以在常温下反应，相对提高收率而言，重要的是设备要求降低了很多。此外，对于文献资料报道的高温高压反应通过技术改进采取适当的措施使之在较低温度或低压下进行反应，这就避免了使用耐高压和高温的设备和材质，使操作更安全。

设备是组织生产的固定资产，如何减少固定资产的投入和减少设备的检修时间是生产上要认真研究和解决的重要问题。以往，中国因受到经济条件的限制，在选择工艺路线时常避开一些技术条件及设备要求高的反应，这样的状况是绝对不符合当今经济发展趋势的。长期以来，中国的医药工业就是依靠劳动力和原料成本的低廉，走设备落后、工艺陈旧的劳动密集型的发展道路。要尽快想办法改变这个局面，在选择药物合成工艺路线时，对能显著提高收率，能实现机械化、连续化和自动化生产，有利于劳动防护和环境保护的反应，哪怕技术条件复杂，对设备要求高，也应尽可能根据条件予以选择。

2.1.2.3　操作方式

（1）反应类型

在初步确定合成路线和制定实验室工艺研究方案时，还必须做必要的实际考察，有时还需要设计极端性或破坏性实验，以阐明化学反应类型到底属于"平顶型"还是属于"尖顶型"（图 2-1），为工艺设备设计积累必要的实验数据。工业生产倾向采用"平顶型"类型反应，工艺操作条件要求不甚严格，稍有差异也不至于严重影响产品质量和收率，可减轻操作人员的劳动强度。

【例 2-6】　应用三氯乙醛在苯酚的对位上引入醛基，收率仅 $30\% \sim 35\%$，这是由于所得产物对羟基苯甲醛本身易聚合的缘故。

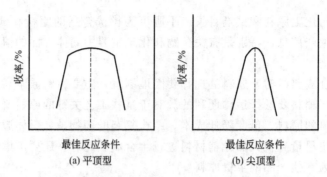

图 2-1 "平顶型"反应和"尖顶型"反应示意图

【例 2-7】 应用 Duff 反应在酚类化合物的苯环上引入醛基。若 R＝OCH$_3$，alkyl-，甲酰化发生在羟基的对位；若 R＝H，则甲酰化发生在羟基的邻位，收率 15％～20％。

R＝OCH$_3$，alkyl-

以上两个反应，说明在含有不同取代基的苯环上引入相同的官能团，可有不同的取代方式；相同的取代苯类化合物引入同一个官能团也可有不同的方法。

同时上述实例还可能存在两种不同的反应类型，即"平顶型"反应和"尖顶型"反应。对于"尖顶型"反应来说，反应条件要求苛刻，稍有变化就会使收率下降，副反应增多；"尖顶型"反应往往与安全生产技术、"三废"防治、设备条件等密切相关。

上述［例 2-6］应用三氯乙醛在苯酚上引入醛基，反应时间需 20h 以上，副反应多、收率低、产品又易聚合，生成大量树脂状物，增加后处理的难度，这是一个"尖顶型"反应的例子。

上述［例 2-7］应用 Duff 反应合成香兰醛，这是工业生产香兰醛的方法之一，反应条件易于控制，这是一个"平顶型"反应的例子。

当然这个原则不是一成不变的，对于"尖顶型"反应，在工业生产上可通过精密自动控制予以实现。"尖顶型"反应类型，应用剧毒原料，设备要求也高；但如果原料低廉，收率尚好，又可以实现生产过程的自动控制，也为工业生产所采用。

氯霉素的生产工艺中，对硝基乙苯催化氧化制备对硝基苯乙酮的反应也属于"尖顶型"反应，也已成功地用于工业生产。

(2) 合成步骤和总收率

理想的药物合成工艺路线应具备合成步骤少、操作简便、设备要求低、各步收率较高等特点。了解反应步骤数量和计算反应总收率是衡量不同合成路线效率的最直接的方法。这里有"直线方式"和"汇聚方式"两种主要的装配方式。

在"直线方式"（linear synthesis 或 sequential approach）中，一个由 A、B、C……J 等单元组成的产物，从 A 单元开始，然后加上 B，在所得的产物 A-B 上再加上 C，如此下去，直到完成。由于化学反应的各步收率很少能达到理论收率 100％，总收率又是各步收率的连乘积，对于反应步骤多的直线方式，必然要求大量的起始原料 A。当 A 接上分子量相似的 B 得到产物 A-B 时，即使用重量收率表示虽有所增加，但越到后来，当 A-B-C-D 的分子量变得比要接上的 E、F、G……大得多时，产品的重量收率也就将惊人地下降，致使最终产品得量非常少。另一方面，在直线方式装配中，随着每一个单元的加入，产物 A……J 将会变得愈来愈珍贵。

$$A \xrightarrow{B} A\text{-}B \xrightarrow{C} A\text{-}B\text{-}C \xrightarrow{D} A\text{-}B\text{-}C\text{-}D \xrightarrow{E} A\text{-}B\text{-}C\text{-}D\text{-}E \longrightarrow \longrightarrow$$

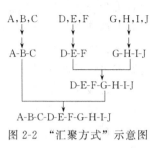

因此，通常倾向于采用另一种装配方式，即"汇聚方式"（convergent synthesis 或 parallel approach）（图 2-2）。先以直线方式分别构成 A-B-C、D-E-F、G-H-I-J 等各个单元，然后汇聚组装成所需产品。采用这一策略就有可能分别积累相当数量的 A-B-C、D-E-F 等单元，当把重量大约相等的两个单元接起来时，可望获得良好收率。汇聚方式组装的另一个优点是：即使偶然损失一个批号的中间体，比如 A-B-C 单元，也不至于对整个路线造成灾难性损失。

图 2-2　"汇聚方式"示意图

这就是说，在反应步骤数量相同的情况下，宜将一个分子的两个大块分别组装；然后，尽可能在最后阶段将它们结合在一起，这种汇聚方式的合成路线比直线方式的合成路线有利得多。同时把收率高的步骤放在最后，经济效益也最好。图 2-3 和图 2-4 表示假定每步的收率都为 90% 时的两种方式的总收率。

$$A\text{+}B \xrightarrow[90\%]{} A\text{-}B \xrightarrow[90\%]{C} A\text{-}B\text{-}C \xrightarrow[90\%]{D} A\text{-}B\text{-}C\text{-}D \xrightarrow[90\%]{E} A\text{-}B\text{-}C\text{-}D\text{-}E \xrightarrow[90\%]{F} A\text{-}B\text{-}C\text{-}D\text{-}E\text{-}F \xrightarrow[90\%]{G}$$

$$A\text{-}B\text{-}C\text{-}D\text{-}E\text{-}F\text{-}G \xrightarrow[90\%]{H} A\text{-}B\text{-}C\text{-}D\text{-}E\text{-}F\text{-}G\text{-}H \xrightarrow[90\%]{I} A\text{-}B\text{-}C\text{-}D\text{-}E\text{-}F\text{-}G\text{-}H\text{-}I \xrightarrow[90\%]{J} A\text{-}B\text{-}C\text{-}D\text{-}E\text{-}F\text{-}G\text{-}H\text{-}I\text{-}J$$

总收率为 $(0.90)^9 \times 100\% = 38.74\%$

图 2-3　"直线方式"的总收率

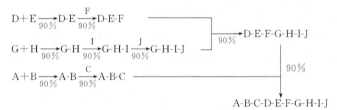

仅有 5 步连续反应，总收率为 $(0.90)^5 \times 100\% = 59.05\%$

图 2-4　"汇聚方式"的总收率

（3）工序问题

在合成步骤改变中，若一个反应所用的溶剂和产生的副产物对下一步反应影响不大时，可将两步或几步反应按顺序，不经分离，在同一个反应罐中进行，习称"一勺烩"或"一锅合成"（one pot preparation）。进行"一勺烩"操作，必须首先弄清楚各步反应的反应历程和工艺条件，进而了解对反应进程进行控制的手段、副反应产生的杂质及其对后处理的影响，以及前后各步反应的溶剂、pH、副产物间的相互干扰和影响。

抗炎镇痛药吡罗昔康（piroxicam）的合成路线虽是直线方式的装配途径，但因采用几步"一勺烩"工艺，故有特殊的优越性。经工艺研究，将胺化、降解、酯化 3 个反应合并为第一个工序，产物为邻氨基苯甲酸乙酯；将重氮化、置换和氯化 3 个反应合并为第二个工序，产物为 2-氯磺酰基苯甲酸甲酯；将胺化、酸析合并为第三个工序，产物糖精；经成盐反应得糖精钠后，将缩合、重排和甲基化 3 个反应合并为第四个工序，最后胺解得吡罗昔康。

2.1.2.4 新技术采用与绿色化学

（1）生物转化

生物转化（biotransformation）也称生物催化（biocatalysis），是指应用生物反应器（酶及多酶系统，包括微生物、动植物细胞等）对前体化合物进行结构修饰和改造，合成新型的有机化合物。其实质是利用生物体系本身所产生的酶对外源化合物进行酶催化反应，催化反应类型几乎包括所有的体外有机化学反应，如羟基化、氧化、脱氢、氢化、还原、水解、水合、酯化、酯转移、脱水、脱羧、酰化、胺化、异构化和芳构化等。生物转化大多是在室温或中性环境中进行，具有无毒、无污染、低能耗、高效率、高选择性等优点。生物转化还可以合成化学上难以合成的物质，特别是复杂的天然活性物质。同时，采用化学合成-生物转化相结合的合成方法，可以充分发挥二者的长处，实现优势互补。

（2）相转移催化

相转移催化（phase transfer，PT）是20世纪70年代以来在有机合成中应用日趋广泛的一种新的合成技术。在有机合成中常遇到非均相有机反应，这类反应速度通常很慢，收率低。

相转移催化作用是指：一种催化剂能加速或者能使分别处于互不相溶的两种溶剂（液-液两相体系或固-液两相体系）中的物质发生反应。反应时，催化剂把一种实际参加反应的实体（如负离子）从一相转移到另一相中，以便使它与底物相遇而发生反应。相转移催化作用能使离子化合物与不溶于水的有机物质在低极性溶剂中进行反应，或加速这些反应。

目前相转移催化剂已广泛应用于有机反应的绝大多数领域，如卡宾反应、取代反应、氧化反应、还原反应、重氮化反应、置换反应、烷基化反应、酰基化反应、聚合反应，甚至高聚物修饰等，同时相转移催化反应在工业上也广泛应用于医药、农药、香料、造纸、制革等行业，带来了令人瞩目的经济效益和社会效益。

（3）微波辅助有机合成反应技术

微波在有机化学中的应用始于20世纪80年代中期，在微波炉密封管内进行的高锰酸钾氧化甲苯为苯甲酸的反应比常规回流快5倍，而4-氰基酚盐与氯苄的反应要快1240倍。

微波密闭合成反应技术：将装有反应物的密闭反应器置于微波源中，启动微波，待反应结束后将反应器冷却至室温，再进行产物的纯化过程。

微波常压合成反应技术：在连有搅拌、回流、滴加等装置的专用微波常压反应器上，使用微波加热，反应安全、平稳地进行。

微波连续合成反应技术：在连续合成反应装置中，控制反应液体以一定的流速通过微波炉体接收辐射，完成反应后送到接收器，使反应连续不断地进行，反应效率大幅度提高。

微波加速化学反应的机理：一种观点认为，虽然微波是一种内加热，具有加热速度快、加热均匀、无温度梯度、无滞后效应等特点，但微波应用于化学反应仅仅是一种新的加热方式，和传统加热并无本质区别。另一种观点认为，微波对化学反应的作用非常复杂，一方面是反应物分子吸收了微波能量，提高了分子运动的速度，导致熵的增加；另一方面微波对极性分子的作用，迫使其按照电磁场作用方式运动，导致熵的减小，因此，微波对化学反应的作用机理不能仅用微波致热效应来描述。

（4）绿色化学

传统的药物合成化学方法以及由此而建立的传统药物合成与制造工业对人类的健康、生存质量和在抵御疾病方面已做出了巨大的贡献，然而，它也对人类赖以生存的生态环境造成了严重污染与破坏。早在 1991 年，当时的捷克斯洛伐克联邦共和国学者 Drasar 和 Pavel 就已经提出了"绿色化学"的概念，呼吁研究和采用"对环境友好的化学"。后来，美国化学会正式提出了"绿色化学"（green chemistry）的概念，其核心内涵是从源头上尽量减少，甚至消除在化学反应过程和化工生产中产生的污染（Science，1993 年）。

在美国环境保护署的专家 Anastas 和马萨诸塞大学的教授 Warner 合著的《绿色化学：理论与实践》（Green Chemistry：Theory and Practice，1998 年）一书中，提出了著名的"绿色化学十二原则"。

① 防止废物产生比待废物产生后再处理或清理更重要。

② 设计的合成方法应尽可能多地将反应过程中使用的材料转化到最终产物中。

③ 设计的合成方法应尽量保证所使用和产生的物质对人类健康和环境无毒性或毒性很低。

④ 应设计有效、低毒的化工产品。

⑤ 应尽可能避免使用辅助物质（如溶剂、分离剂），若必须使用，则应是无毒的。

⑥ 应考虑到能源消耗对环境和经济的影响，并应尽量减少能源的使用；合成反应应在常温和常压下进行。

⑦ 只要技术和经济上可行，应使用可再生的，而不是将耗竭的原料。

⑧ 应尽可能避免不必要的衍生化，如阻断基团、保护/脱保护、物理和化学过程的暂时修饰等。

⑨ 应尽量选择使用有良好选择性的催化试剂而不是化学计量助剂。

⑩ 所设计的化工产品应能在完成使命后分解，并且降解物无毒。

⑪ 须进一步改进分析方法，以便能对有害物质的生成进行即时的和在线的跟踪及控制。

⑫ 在化学转换过程中，应尽可能地避免所用的物质或物质的形态存在发生化学事故，如泄漏、爆炸和火灾的可能性。

目前，这 12 条原则已为国际化学界所公认，指明了绿色化学发展的方向。

"绿色化学"的目标是要求任何有关化学的活动，包括使用的化学原料、化学和化工过程以及最终的产品，都不会对人类的健康和环境造成不良影响，这与药物研发的宗旨一致。因此，药物合成更应贯彻"绿色化学"的思想与策略。近年来，有许多科研工作者们已把绿色化学的策略贯彻到药物合成中，并取得了一些可喜的成绩。

2.1.3　工艺路线的改造

"没有一成不变的工艺。"药物工艺路线的改进问题，现阶段制药厂家更加关心的是工艺适应性，不断地创新技术，降低成本，节能减排。这样就使得药厂对工艺路线和原材料的选择、操作方法的创新、新技术和方法的应用等非常关注。

2.1.3.1　原辅材料更换和合成步骤改变

对于相同的合成路线或同一个化学反应，若能因地制宜地更改原辅材料或改变合成步骤，虽然得到的产物是相同的，但收率、劳动生产率和经济效果会有很大的差别。更换原辅材料和改变合成步骤常常是选择工艺路线的重要工作之一，也是制药企业同品种间相互竞争的重要内容。不仅是为了获得高收率和提高竞争力，而且有利于将排出废物减少到最低限度，消除污染，保护环境。下面以实例说明更换原辅材料或改变合成步骤的意义。

香草醛俗称为香兰素，广泛应用于食品、饮料、香料和医药等领域，目前制备主要有三种方法。一种是化学合成的香草醛，世界年销量超过万吨，主要以愈创木酚和木质素为原料合成，其市场价格较低。另一种是天然香草醛，是由植物香荚兰豆荚经熟化酶解后提取得到。天然香草醛价格较贵，是合成产品价格的 300 倍左右。第三种则是利用真菌、细菌、植物细胞、阿魏酸或芳香族氨基酸等天然化合物前体物，生物合成香草醛。

根据美国和欧盟的规定，合成香草醛在农产品和食品添加剂中的使用会引起法律方面的争议，再加上消费者的喜好，更促进了生物技术方法生产香草醛的研究。由此促使研究人员去寻找生产天然香草醛的替代方法。利用微生物转化天然前体生产的天然等同的香草醛，称为"生物香兰素"（bio-vanillin），可以代替从香荚兰豆荚中提取的价格昂贵的天然香草醛。

目前，香草醛的生物转化研究成功的例子，由天然酚类化合物阿魏酸通过生物转化。生物香兰素制备如下所示：

阿魏酸　　　　　　　　　　　　　　生物香兰素

又如，默克公司于 2006 年上市的治疗 II 型糖尿病的新药——手性 β-氨基酸衍生物 Sitagliptin 的合成路线改进就是一个具有代表性的例子。

Sitagliptin 最初的合成生产路线需 8 步反应，其中有很多反应需在溶液中进行，此外还需用到几个高分子质量的试剂，这些试剂并不是终端产品分子的组成部分，最终只能作为废料排掉。该公司的研究人员经摸索发现，不经保护的烯胺的不对称加氢也可以实现完全转化，因此他们与专门从事不对称反应催化剂研究的 Solvias 公司合作，寻找到以二茂铁基作为配体的金属铑盐催化剂，结果得到了高光学纯度和高产率的 β-氨基酸衍生物，开发出一条以 β-氨基酸为原料的绿色合成路线。手性催化剂虽然较贵，但可以大幅度地提高产率，且有 95% 的贵重金属铑最后能够得以回收和利用。另外，他们还通过设计，使 Sitagliptin 分子中具有反应活性的氨基到反应的最后一步才转化出来，省去了基团保护步骤。新的合成路线简化为 3 步，每生产 1kg-Sitagliptin 可以减少 220 kg 废物的产生，且总产率提高了近50%，原材料消耗量、合成时间、能量和废料产生量亦大幅减少。新合成路线在成本上更具优势，而且有利于环境保护，默克公司因此荣获了 2006 年"总统绿色化学挑战奖：绿色合成路线奖"。

位于英格兰诺丁汉（Notingham）的 Boots 公司（布洛芬的发现者）于 20 世纪 60 年代注册了布洛芬合成工艺的专利。该方法在过去几十年中一直是生产商制备布洛芬的选择，采用该合成方法共生产出了数百万磅（1lb＝0.45359237kg）的布洛芬产品，同时也生成了数百万磅无用的化学副产品，这些"废料"必须进行处理或重新利用。

20 世纪 50 年代中期，传统的布洛芬合成工艺专利已经过期，很多公司开始开发新的合成工艺和建立自己的布洛芬生产厂。在这个时期，赫司特塞拉尼斯（Hoechst Celanese）公司（位于美国新泽西州的 Somerville，现在是塞拉尼斯公司）和 Boots 公司一同建立了合资企业，即 BHC 公司。BHC 公司致力于开发和实际应用更加绿色的布洛芬合成体系，并在市场上推广。

旧布洛芬合成工艺：

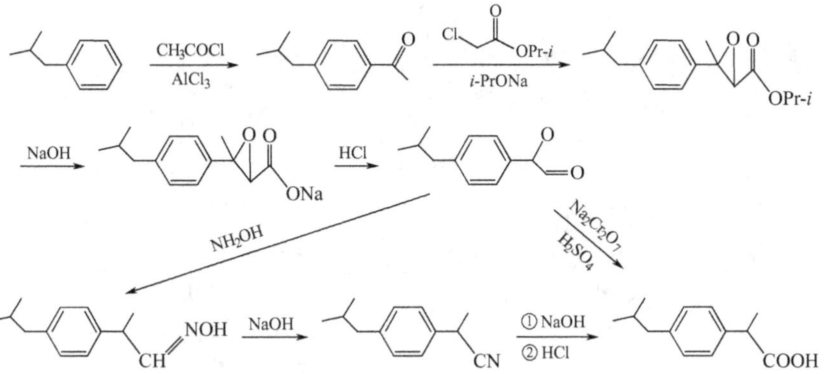

新的绿色布洛芬合成法：

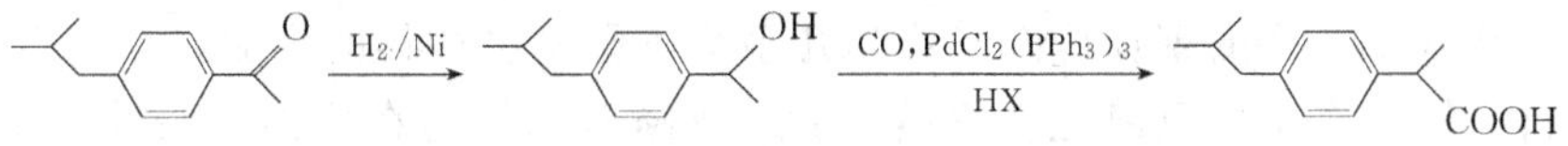

与传统方法相比，新的绿色布洛芬合成体系，不仅使催化合成步骤减少到 2 步，其优势还在于：避免了旧方法需要化学助剂进行计量反应的麻烦。例如，在两种合成体系的第一步中，异丁基苯将进行酰化反应。在旧体系中，必须使用化学定量的三氯化铝，因此会生成大量的三氯化铝水合物，作为废产物只能进行填埋处理。相应的，新方法使用氢氟酸作为催化剂，可以回收重复利用。

另外，除了减少了大量废料的生成，简化生产步骤，新方法的产品产量也要比旧方法有所增加，即在更少的时间内可以生成更多量的布洛芬，且投资更少，经济回报率更高。因此，新方法在环保和经济角度来说，都得到了良好的效果。

2.1.3.2　改进操作方法

半合成抗生素琥乙红霉素（erythromycin ethylsuccinate）的中间体 β-乙氧羰基丙酰氯，可用琥珀酸酐先和无水乙醇进行单酯化反应，在 94～97℃/30～40Pa 蒸出所生产的琥珀酸单乙酯，然后再与氯化亚砜反应进行酰氯化而制得。在生产工艺上，不仅反应时间长而且需减压蒸馏等化工单元操作。把单酯化和酰氯化两步反应合并，采用“一勺烩”工艺，可得含量 97%、收率 74%的 β-乙氧羰基丙酰氯。

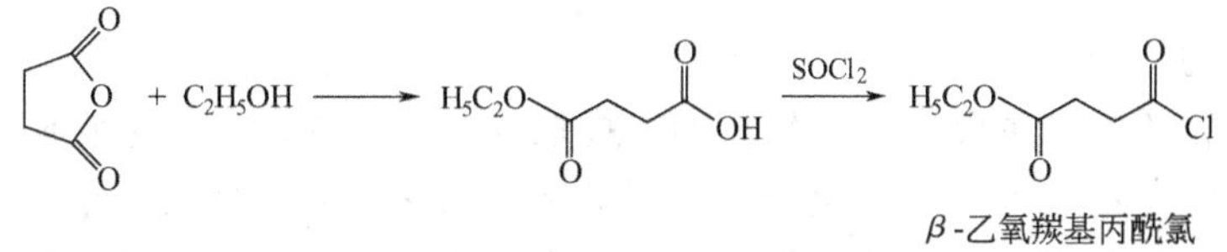

β-乙氧羰基丙酰氯

抗炎镇痛药吡罗昔康（piroxicam）的合成路线虽是直线方式的装配途径，但因采用几步“一勺烩”工艺，故有特殊的优越性。以邻苯二甲酸酐为起始原料，经中间体糖精钠的生产工艺路线，先后有 13 个化学反应。

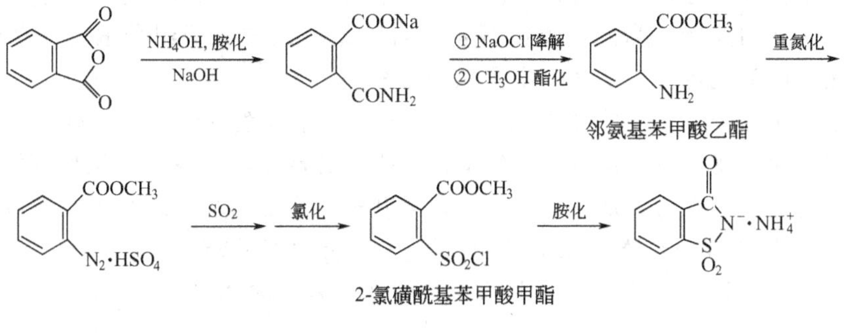

邻氨基苯甲酸乙酯

2-氯磺酰基苯甲酸甲酯

吡罗昔康的生产过程由 6 个岗位组成，其中有 4 个"一勺烩"工艺。第一个工序中胺化、降解和酯化 3 个反应的副反应及其产物几乎都不影响主产物的生成，且先后都在碱性甲醇溶液中进行。第二个工序重氮化和置换、引入亚磺酸基均需在低温和酸性液中进行反应；生成磺酰氯的氯化反应时，用甲苯把生成产物 2-氯磺酰基苯甲酸甲酯转入甲苯溶液中得以分离。第三个工序，实质上是氯磺酰基的胺化和用酸析出的后处理合并。由苯二甲酸酐出发制备糖精钠的总收率可达 80% 以上。由糖精钠经缩合、重排扩环、甲基化 3 个化学反应，可分段、连续操作成为第四个工序，收率达 60%，最后胺解得吡罗昔康。

在"一勺烩"工艺中，由于缺乏中间体的监控，制得的产品常常要精制，以保证产品质量。

2.1.3.3 采用新技术

(1) 手性药物的合成

手性药物是指有药理活性的对映纯化合物，在生物体的手性环境中，分子之间的严格手性匹配是分子识别的基础。手性药物的生产分为化学法和生物转化法。生物转化实质是酶促反应，酶促反应具有化学选择性、区域选择性和对映体选择性，利用酶的这些性质可以合成手性药物。如 $R(-)$-扁桃酸及其衍生物是重要的药物中间体和精细化工中间体，化学方法手性拆分难度大，试剂昂贵，且造成资源浪费和环境污染，不利于工业化生产；生物转化法较化学合成具有明显优势。

(2) 天然药物的合成

目前天然药物的生产主要靠从天然植物中提取或化学合成的方法来完成，这样势必会造成天然野生资源储存量的下降，野生资源遭到破坏，而化学合成污染严重；并且从植物中提取和化学合成都存在工序繁琐、劳动强度大、生产成本高的问题。通过生物转化可以克服这些弊端。生物转化较天然提取和化学合成有如下优势。

① 作为天然药物发挥药效活性的物质基础，天然活性成分往往含量低、结构复杂、合成困难。从野生植物中寻找原料难以满足工业生产的需要，人工栽培也存在着成本高、周期长、产量难以保证的问题。为此，急需开发针对特定有效成分或组分的天然药物的生产技术，生物转化可以替代传统的从植物中提取的方法。

② 就天然资源来讲，某种植物中不可能仅含有一种活性成分，往往有一些生源关系相近或结构类似的化合物。单纯依靠从天然资源中提取分离费时、费力、浪费资源。因此，可以以生物转化为途径，寻找合适的反应器，以期获得具有更好生理活性的化合物。

③ 生物转化属于绿色化学，保护环境，符合可持续发展战略。

如 5-氟尿苷（简称 5-FUR）是抗肿瘤核苷药物脱氧氟尿苷（floxuridine，DFUR）的合成中间体。采用化学合成法生产 DFUR 时，由于反应过程中需将碱基或核糖残基的部分基团进行保护，而且产物为多种核苷异构体和其他副产品的混合物，需要进一步分离，因此耗时费力，收率很低（约 10%）。通过物理化学方法诱变产气肠杆菌，筛选突变株并以此为酶源酶法合成 DFUR 的中间体 5-氟尿苷。

生物转化在药物的结构修饰和创新药物的合成方面具有重要作用。尤其是在外消旋体的拆分和对映纯化合物的合成方面发挥了独特的优势作用。

2.2 化学制药生产工艺条件的探索

2.2.1 工艺过程中的影响因素

工艺路线由许多单元反应组成，每步单元反应的结果都直接影响整条工艺路线的可行性、产品的质量和生产成本。故而，对生产工艺条件的优化就需要对每个单元反应的反应条件进行优化，以获得最适宜的反应条件。所谓最适宜反应条件，一般至少应具有以下两层含义：一是有效地控制反应朝着正反应方向进行；二是加速正反应，以最短的时间和最少的原料获取最多的产品。

对各步反应条件的研究和优化应从化学反应的内因和外因两个方面入手，只有对反应过程的内因和外因以及它们之间的相互关系深入了解后，才能正确地将两者统一起来，进一步获得最佳工艺条件。化学反应的内因主要是指反应物和反应试剂分子中原子的结合状态、键的性质、立体结构、官能团的活性、各种原子和官能团之间的相互影响及物化性质等，是设计和选择药物合成工艺路线的理论依据。化学反应的外因，即反应条件，也就是各种化学反应的一些共同点，如反应物的浓度与配料比、加料次序、反应时间、反应温度、压强、溶剂、催化剂、pH 值、搅拌状况、反应终点控制等。本节将对化学反应的外因进行详细介绍。

2.2.1.1 反应物浓度和配料比

反应物的配料比也称反应物料的摩尔比，是指参加反应的各物质的量之比，表示投料中各组分之间的比例关系，配料比归根结底还是浓度问题。所谓最佳配比也就是在一定条件下的最恰当的反应物组成，是既可获得较高收率又能节约原料（即降低单耗）的配比。

在研究反应物浓度和配料比对制药工艺的影响时，首先要搞清楚反应类型和反应原理。化学反应按其进行的过程可分为简单反应和复杂反应两大类。

（1）简单反应

只有一个基元反应（反应物分子在碰撞中一步直接转化为生成物分子的反应）的化学反应称为简单反应。在化学动力学上，简单反应又是以反应分子数（或反应级数）来分类的，如单分子反应、双分子反应、三分子反应等（或零级反应、一级反应、二级反应等）。

① 单分子反应（一级反应） 只有一个分子参与的基元反应称为单分子反应，其反应速率与反应物浓度的一次方成正比，故又称一级反应。

如反应：

$$A \longrightarrow P$$

$$(-r_A) = -\frac{\mathrm{d}c_A}{\mathrm{d}\tau} = kc_A$$

工业上许多有机化合物的热分解（如烷烃的裂解）和分子重排反应（如贝克曼重排、联苯胺重排）等都是常见的一级不可逆反应。

② 双分子反应（二级反应）　两个分子（不论是相同分子还是不同分子）碰撞时发生相互作用的反应称为双分子反应。反应速率与反应物浓度的二次方成正比，故又称二级反应。

相同分子间的二级反应：

$$2A \longrightarrow P$$

$$(-r_A) = -\frac{dc_A}{d\tau} = kc_A^2$$

不同分子间的二级反应：

$$A + B \longrightarrow P$$

$$(-r_A) = -\frac{dc_A}{d\tau} = kc_A c_B$$

工业上，二级不可逆反应最为常见，如乙烯、丙烯、异丁烯及环戊二烯的二聚反应，烯烃的加成反应，乙酸乙酯的皂化，卤代烷的碱性水解等。

③ 零级反应　某些光化学反应、表面催化反应和电解反应等，它们的反应速率与浓度无关，仅受其他因素（如光强度、催化剂表面状态和通过的电量）的影响，把这一类反应称为零级反应。

(2) 复杂反应

由两个或两个以上基元反应构成的化学反应称为复杂反应。常见的复杂反应主要为可逆反应、平行反应和连串反应。

① 可逆反应　可逆反应是复杂反应中常见的一种，在反应物发生化学反应生成产物的同时，产物之间也在发生化学反应生成原料。反应通式如下：

$$A + B \underset{k_2}{\overset{k_1}{\rightleftharpoons}} R + S$$

可逆反应的特点如下。

a. 对于正、逆方向的反应，质量作用定律都适用。

b. 正反应速率与反应物的浓度成正比，逆反应速率与生成物浓度成正比。

c. 正、逆反应速率之差，就是总的反应速率。

d. 正反应速率随时间逐渐减小，逆反应速率随时间逐渐增大，直到两个反应速率相等。

e. 增加某一反应物的浓度或移去某一生成物，使化学平衡向正方向移动，达到提高反应速率和增加产物收率的目的。

如乙醇与乙酸的酯化反应是可逆反应，可以通过移除水分使生成物之一的水浓度减小，反应始终朝着酯的方向进行，而反应也始终达不到平衡，从而得到满意的产品及收率。

$$CH_3CH_2OH + CH_3COOH \xrightarrow{H_2SO_4} CH_3COOC_2H_5 + H_2O$$

② 平行反应　平行反应又称竞争性反应，也是一种复杂反应，即反应物同时进行几种不同的化学反应。在生产上将所需要的反应称为主反应，其余称为副反应。如甲苯的硝化：

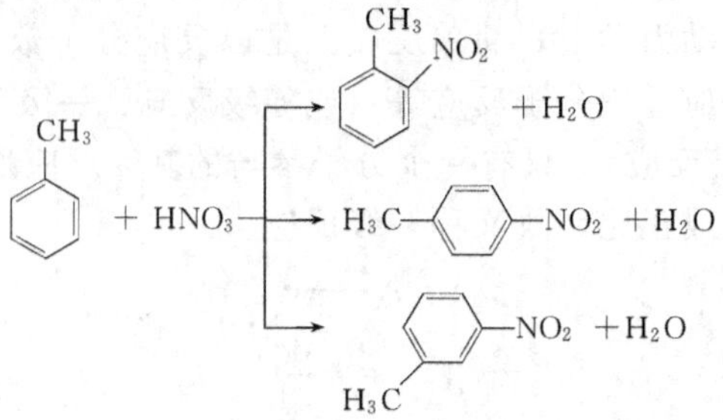

对于反应级数相同的平行反应来说，其主、副反应速率之比为一常数，和反应物浓度和时间无关。如上述甲苯硝化反应，生成的邻位、对位和间位产物的比例始终不随浓度的变化

而变化。对于这类反应，不能用改变反应物的配料比或反应时间的方法来改变生成物的比例，但可以用温度、溶剂、催化剂等来调节生成物的比例。

对于反应级数不相同的平行反应来说，增加反应物浓度有利于级数高的反应的进行。在一般情况下，增加反应物的浓度，有助于加快反应速率。从工艺角度上看，增加反应物浓度，有助于提高设备能力，减少溶剂使用量等。但是，有机反应大多数存在副反应，反应物浓度的提高也可能加速副反应的进行，所以，应选择适宜的浓度与配比，以统一矛盾。例如在吡唑酮类解热镇痛药的合成中，苯肼与乙酰乙酸乙酯的环合反应：

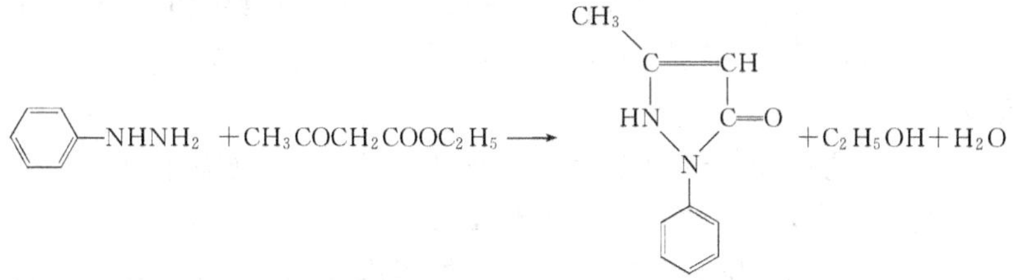

此反应为主反应（二级反应），但若将苯肼浓度增加较多时，会引起 2 分子苯肼与 1 分子乙酰乙酸乙酯的副反应（三级反应），反应方程式如下：

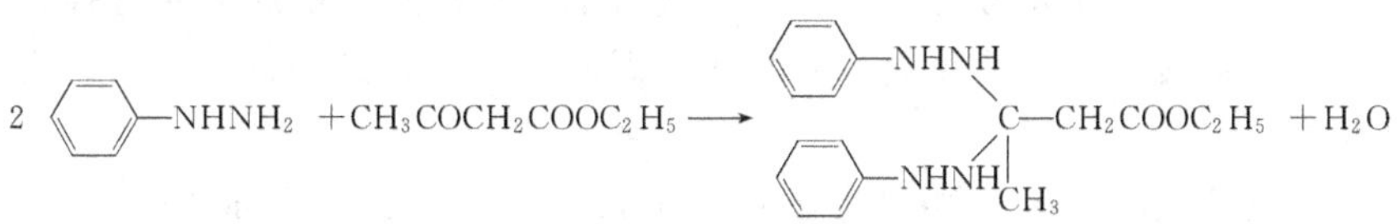

因此，苯肼的反应浓度应控制在较低水平，既能保证主反应的正常进行，又不至于引起副反应的发生。

③ 连串反应　反应物发生化学反应生成产物的同时，该产物又能进一步反应而生成另一种产物，这种类型的反应称为连串反应。

如乙酸氯化生成氯乙酸，氯乙酸反应生成二氯乙酸，再反应生成三氯乙酸，此反应就是典型的连串反应。

$$CH_3COOH + Cl_2 \xrightarrow[-HCl]{Cl_2} ClCH_2COOH \xrightarrow[-HCl]{Cl_2} Cl_2CHCOOH \xrightarrow[-HCl]{Cl_2} Cl_3CCOOH$$

要控制主产物为氯乙酸时，则氯气与乙酸比应小于 1∶1（摩尔比）；如果需三氯乙酸为主产物，则氯气与乙酸比应大于 3∶1（摩尔比）。因此控制氯气与乙酸的配料比可得到不同的产物。

又如乙苯的反应中，为防止进一步反应（副反应）的发生，乙烯与苯的摩尔比为 0.4∶1.0，即反应物的配料比小于理论量。

在三氯化铝催化下，将乙烯通入苯中制得乙苯，由于乙基的给电子作用，使苯环活化，更易引入第二个乙基，如不控制乙烯通入量，势必产生二乙苯或多乙苯。所以生产上一般控制乙烯与苯的摩尔比为 0.4∶1.0 左右，这样乙苯收率较高，而过量的苯可以循环套用。

由此可见，反应物的最佳配料比可以是化学计量系数之比，也可以不等于化学计量系数之比。多数情况下，配料比不等于化学计量系数之比，可以小于理论量也可以大于理论量。

磺胺合成中，乙酰苯胺（退热冰）的氯磺化反应产物对乙酰氨基苯磺酰氯（ASC）的收率取决于反应液中乙酰苯胺与氯磺酸的比例关系。

$$\text{NHCOCH}_3 \quad \xrightarrow{\text{HOSO}_2\text{Cl}} \quad \text{NHCOCH}_3 \ldots \text{SO}_2\text{Cl}$$

ASC

氯磺酸的用量越多，对 ASC 的生成越有利。如乙酰苯胺与氯磺酸投料的摩尔比为 1：2（理论量）时，ASC 的收率仅为 7%；当摩尔比为 1.0：4.8 时，ASC 的收率为 84%；当摩尔比再增加到 1.0：7 时，则收率可达 87%。实际上考虑到氯磺酸的有效利用率以及经济核算，采用了较为经济合理的配比，即 1.0：(4.5～5.0)。

2.2.1.2　加料次序

某些化学反应要求物料按一定的先后次序加入，否则会加剧副反应，降低收率；有些物料在加料时可一次投入，也有些则要分批缓慢加入。

对一些热效应较小、无特殊副反应的反应，加料次序对收率的影响不大。如酯化反应，从热效应和副反应的角度来看，对加料次序并无特殊要求。在这种情况下，应从加料便利、搅拌要求或设备腐蚀等方面来考虑，采用比较适宜的加料次序。如酸的腐蚀性较强，以先加入醇再加酸为好；若酸的腐蚀性较弱，而醇在常温时为固体，又无特殊要求，则以先加入酸再加醇较为方便。

对一些热效应较大同时也可能发生副反应的反应，加料次序则成为一个不容忽视的问题，因为它直接影响着收率的高低。热效应和副反应的发生常常是相连的，往往由于反应放热较多而促使反应温度升高，引起副反应。当然这只是副反应发生的一个方面，还有其他许多因素，如反应物的浓度、时间、温度等。所以必须针对引起副反应的原因而采取适当的控制方法。必须从使反应操作控制较为容易、副反应较少、收率较高、设备利用率较高等方面综合考虑，来确定适宜的加料次序。

例如在氯霉素的生产中，乙苯硝化时用混酸进行硝化，混酸配制时的加料顺序与实验室不同。在实验室用烧杯做容器，浓硫酸以细流缓慢加入水中，并不断用玻璃棒搅拌；若水以细流缓慢加入浓硫酸中，即使用玻璃棒搅拌，也会产生酸沫四溅的现象，甚至引起烧杯的爆裂。而在生产上则考虑设备腐蚀问题，混酸中浓硫酸的用量要比水多得多，将水加于浓硫酸中可大大降低对混酸罐的腐蚀。其次，在良好的搅拌下，水以细流加入浓硫酸中产生的稀释热立即被均匀分散。因为 20%～30% 的硫酸对铁的腐蚀性最强，浓硫酸对铁的腐蚀较弱。

又如在巴比妥生产中的乙基化反应中，除配料比中溴乙烷的用量要超过理论量 10% 以上外，加料次序对乙基化反应至关重要。

$$\begin{array}{c} \text{COOC}_2\text{H}_5 \\ | \\ \text{CH}_2 \\ | \\ \text{COOC}_2\text{H}_5 \end{array} + 2\text{C}_2\text{H}_5\text{Br} \xrightarrow{2\text{C}_2\text{H}_5\text{ONa}} \begin{array}{c} \text{H}_5\text{C}_2 \quad \text{COOC}_2\text{H}_5 \\ \diagdown\text{C}\diagup \\ \diagup \quad \diagdown \\ \text{H}_5\text{C}_2 \quad \text{COOC}_2\text{H}_5 \end{array}$$

正确的加料次序应该是先加乙醇钠，再加丙二酸二乙酯，最后滴加溴乙烷。若将丙二酸二乙酯与溴乙烷的加料次序颠倒，则溴乙烷和乙醇钠的作用机会大大增加，生成大量乙醚，而使乙基化反应失败。

$$\text{C}_2\text{H}_5\text{Br} + \text{C}_2\text{H}_5\text{ONa} \longrightarrow \text{C}_2\text{H}_5\text{OC}_2\text{H}_5 + \text{NaBr}$$

因此，对某些化学反应，要求物料的加入须按一定的先后次序，否则会加剧副反应，降低收率。应针对反应物的性质和可能发生的副反应来选择适当的加料次序。在解决实际问题时，应该把各有关的反应条件相互联系起来，通过分析，找出较为理想的加料方式和次序。

2.2.1.3　反应终点控制

每一个化学反应，都有一个最适宜的反应时间。在一定的浓度、温度等条件下，反应时间是固定的。反应时间不够，反应当然不会完全，转化率不高，影响收率及产品质量。反应时间过长不一定增加收率，有时还会使收率急剧下降。在规定条件下，达到反应时间后就必须停止反应，进行后处理，使反应生成物立即从反应系统中分离出来。否则，可能会使反应产物发生分解、破坏、副反应增多或产生其他复杂变化，而使收率下降，产品质量下降。为此，每步反应都必须掌握好它的进程，控制好反应时间和终点。

所谓适宜的反应时间，主要决定于反应过程的化学变化完成情况，或者说反应是否已达到终点。最佳反应时间是通过对反应终点的控制摸索得到的。控制反应终点，主要是控制主反应的终点，测定反应系统中是否有未反应的原料（或试剂），或其残存量是否达到一定的限度。

测定反应终点一般可采用简易快速的化学或物理方法，如显色、沉淀、酸碱度、薄层色谱、气相色谱、纸色谱等方法。确定一个反应的时间时，首先可根据相关文献，设定一个反应时间值，然后对反应过程跟踪检测，判断反应终点，实验室中常采用薄层色谱（TLC）跟踪检测。TLC检测时，首先将原料用适当的溶剂溶解，用毛细管或微量点样器取少量原料溶液点于薄层板上并作相应的记号，再取反应一定时间的反应液点于板上，然后将板放于展开槽中用合适的展开剂展开，当溶剂前沿比较合适时，取出吹干，置紫外灯下观察荧光斑点，判断原料点是否消失或原料点几乎不再变化，除了产物和原料外是否有新的杂质斑点生成这些信息可以决定是否终止反应。原料点消失说明原料反应完全。原料点几乎不再变化，说明反应达到平衡。有新的杂质斑点，说明有新的副反应发生或产物发生分解。

例如，邻苯二甲醇是一种重要的有机合成中间体和药物中间体，其合成方法之一是采用邻二氯苄水解生成邻苯二甲醇。在水解过程中，除生成主要产物外，还有其他一些副产物生成。

其反应过程用薄层色谱跟踪监测，选用无水乙醚：石油醚 = 2：1 的混合液作展开剂。取不同反应时间的水解液，进行 TLC 分析，判断反应进程及终点情况，具体监测过程如下。

① 反应初期，分析结果表明水解液中有少量产品 **2** 出现，有大量原料 **1**，但无副产物生成，此时反应的转化率不高，尚需进一步反应，薄层分析见图 2-5（a）所示。

② 反应中期，随着反应的进行，反应原料 **1** 逐渐减少而产品 **2** 增多，副产物 **3** 出现，薄层分析见图 2-5(b) 所示。

③ 随着反应的继续进行，原料 **1** 消失，产品 **2** 斑点增大，薄层分析见图 2-5(c) 所示。

④ 反应继续进行，副产物 **4** 出现，产品 **2** 斑点变小，见图 2-5(d) 所示。

如重氮化反应，是利用淀粉-碘化钾试液检查是否有过剩的亚硝酸来控制终点。由水杨酸制造阿司匹林的乙酰化反应以及由氯乙酸制造氰乙酸钠的氰化反应，都是利用快速的测定法来确定反应终点的。前者测定水杨酸含量达到 0.02% 以下方可停止反应。后者测定反应液中氰离子（CN^-）含量应在 0.4% 以下方为反应终点。通氯的氯化反应，由于通常液体氯化物密度大于非氯化物，所以常常以反应液的密度变化来控制终点。如甲苯的氯化反应可根

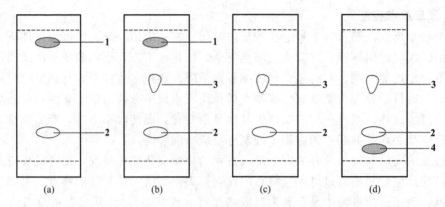

图 2-5　薄层分析

原料 1 $R_{f1}=0.85$；产物 2 $R_{f2}=0.26$；副产物 3 $R_{f3}=0.56$；副产物 4 $R_{f4}=0.05$

据生成物的要求，控制密度值。生产一氯甲苯时控制反应液密度为 $1.048 \times 10^3\,kg/m^3$，生产二氯甲苯时控制反应液密度为 $1.286 \times 10^3 \sim 1.332 \times 10^3\,kg/m^3$。也可根据反应现象、反应变化情况以及反应生成物的物理性质（如密度、溶解度、结晶形态等）来判断反应终点。如催化氢化反应，一般是以吸氢量控制反应终点的，当氢气吸收达到理论量时，氢气压强不再下降或下降速度很慢，即表示反应已达终点。

2.2.1.4　反应温度

反应温度的选择和控制是合成工艺研究的一个重要内容。通常采用类推法选择反应温度，即根据文献报道的类似反应的反应温度初步确定反应温度，然后根据反应物的性质作适当的改变，如与文献中的反应实例相比，立体位阻是否大了，或其亲电性是否小了等，综合各种影响因素，进行设计和试验。如果是全新反应，不妨从室温开始，用薄层色谱法追踪反应发生的变化，来逐步升温或延长时间；若反应过快或激烈，可以降温或控温使之缓和进行。当然，理想的反应温度是室温，但室温反应毕竟是极少数，而冷却和加热才是常见的反应条件。常用的冷却介质有冰/水（0℃）、冰/盐（$-10 \sim -5$℃）、干冰/丙酮（$-60 \sim -50$℃）和液氮（$-196 \sim -190$℃）。从工业生产规模考虑，在 0℃或 0℃以下反应，需要冷冻设备。加热反应可通过选用具有适当沸点的溶剂，如热水、汽水混合物或导热油等。

温度对反应速率和化学平衡有很大影响，升高温度常常是生产上增大反应速率的有效措施。然而，随着温度的升高，往往会引起或加剧副反应、增加设备投资和维护费用以及能源消耗，同时也不利于安全生产。因此，工业生产中对反应温度的控制要综合考虑诸方面的因素。

(1) 温度对化学反应速率的影响

根据大量实验归纳总结出一个近似规则，即反应温度每升高 10℃，反应速率大约增加 $1 \sim 2$ 倍。这种温度对反应速率影响的粗略估计，称为范特霍夫（van't Hoff）规则。多数反应大致符合上述规则，但并不是所有的反应都符合。

温度对反应速率的影响是复杂的，归纳起来有 4 种类型，如图 2-6 所示。第 Ⅰ 种类型，反应速率随温度的升高而逐渐加快，它们之间是指数关系，这类反应是最常见的，可以应用阿伦尼乌斯（Arrhenius）方程求出反应速率常数与活化能之间的关系。第 Ⅱ 种类型属于有爆炸极限的化学反应，这类反应开始时温度对反应速率影响很小，当达到一定温度极限时，反应即以爆炸速率进行。第 Ⅲ 种类型是在酶反应及催化加氢反应中发现的，即在温度不高的条件下，反应速率随温度增高而加速，但到达某一高温后，再升高温度，反应速率反而下降，这是由于高温对催化剂的性能有着不利的影响。第Ⅳ种类型是反常的，温度升高反应速率反而下降，如硝酸生产中的一氧化氮的氧化反应就属于这类反应。

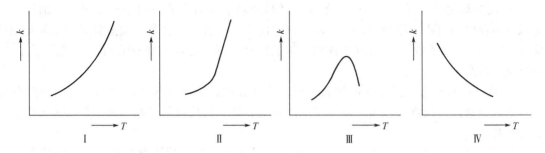

图 2-6　温度对反应速率常数影响的不同反应类型

温度对反应速率的影响，通常遵循阿伦尼乌斯（Arrhenius）方程：

$$k = Ae^{-E/RT}$$

式中　k——反应速率常数；

　　　A——频率因子或指前因子；

　　　E——反应活化能；

　　　R——气体常数；

　　　T——反应温度。

由上述公式可以看出，反应速率常数 k 可以分解为频率因子 A 和指数因子 $e^{-E/RT}$。指数因子是控制反应速率的主要因素，其核心是活化能 E，而温度 T 的变化，也使指数因子变化而导致 k 值的变化。E 值反映温度对速率常数影响的大小，不同反应有不同的活化能 E。E 值很大时，升高温度，k 值增大显著；若 E 值较小时，温度升高，k 值增大并不显著。温度升高，一般都可以使反应速率加快。

生产上要严格控制反应温度，以加快主反应速率，增大目的产物的收率。如氧化反应中，反应的温度不同，可以得到不同的产物，反应方程式如下：

$$
\begin{array}{c}
\text{CH}_3 \\
\text{（苯）}
\end{array}
\quad
\begin{array}{c}
\xrightarrow[40℃]{\text{MnO}_2 + \text{H}_2\text{SO}_4} \quad \text{（CHO 苯甲醛）} \\
\xrightarrow[120℃]{\text{MnO}_2 + \text{H}_2\text{SO}_4} \quad \text{（COOH 苯甲酸）}
\end{array}
$$

（2）温度对化学平衡的影响

对于不可逆反应，可以不考虑温度对化学平衡的影响；而对于可逆反应，温度的影响是很大的。

对于吸热反应，温度升高，平衡常数 K 值增大，有利于产物的生成，因此升高温度有利于反应的进行；对于放热反应，温度升高，平衡常数 K 值减小，不利于产物的生成，因此降低温度有利于反应的进行。

2.2.1.5　压强

反应物料的聚集状态不同，压强对其影响也不同。压强对于液相反应影响不大，而对气相或气-液相反应的平衡影响比较显著。压强对反应的影响大致有以下四种情况。

① 反应物是气体，压强对反应的影响依赖于反应前后体积或分子数的变化。如果一个反应的结果使体积增加（即分子数增多），那么，加压对产物生成不利；反之，如果一个反

应的结果使体积缩小，则加压对产物的生成有利。如果反应前后分子数没有变化，压强对化学平衡没有影响。

②　反应物之一是气体，该气体在反应时必须溶于溶剂中或吸附于催化剂上，加压能增加该气体在溶剂中或催化剂表面上的浓度而促使反应的进行，这类反应最常见的是催化氢化反应。若能寻找到最适当的溶剂或选用更活泼的催化剂，这类反应就有可能在常压下进行，不过反应时间会大大延长。

③　若反应过程中有惰性气体如氮气或水蒸气存在，当操作压强不变时，提高惰性气体的分压，可降低反应物的分压，有利于提高分子数减少的反应的平衡产率，但不利于反应速率的提高。

④　反应在液相中进行，所需的反应温度超过了反应物（或溶剂）的沸点，特别是许多有机化合物沸点较低且有挥发性，加压才能进行反应。加压下可以提高反应温度，缩短反应时间。

如在甲醇的工业生产中，反应物是气体，反应过程中体积缩小，加压对反应有利。常压反应时，甲醇的收率为 10^{-5}；若加压至 30MPa 时，收率达 40%。

$$CO + 2H_2 \xrightarrow[20\sim30MPa]{\text{催化剂}(CuO、ZnO、Cr_2O_3)} CH_3OH$$

除压强外，其他因素对化学平衡也有影响。如催化氢化反应中加压能增加氢气在溶液中的溶解度和催化剂表面氢的浓度，从而促进反应的进行。另外，对需较高反应温度的液相反应，当温度已超过反应物或溶剂的沸点时，也可以加压，以提高反应温度，缩短反应时间。

在一定的压强范围内，适当加压有利于加快反应速率，但是压强过高，动力消耗增大，对设备的要求提高，而且效果有限。

2.2.1.6　催化剂

催化剂（工业上又称触媒）是一种能改变化学反应速率，而其自身的组成、质量和化学性质在反应前后保持不变的物质。在药物合成中估计有 80%～85% 的化学反应需要应用催化剂，如在氢化、脱氢、氧化、脱水、脱卤、缩合等反应中几乎都使用催化剂。金属催化、相转移催化、生物酶催化、酸碱催化等催化反应也都广泛应用于制药产业，以加速反应速率、缩短生产周期、提高产品的纯度和收率。

(1) 催化剂的作用

催化剂有两种催化作用，即正催化作用和负催化作用。催化剂使反应速率加快则起正催化作用，使反应速率减慢则起负催化作用。对于催化剂起正催化作用的实例，比较多。而催化剂起负催化作用的应用比较少，如有一些易分解或易氧化的中间体或药物，在后处理或储存过程中为防止其变质失效，可加入负催化剂以增加稳定性。

(2) 催化剂的基本特性

①　催化剂能够改变化学反应速率，但它本身并不进入化学反应的计量。

②　催化剂只能改变化学反应的速率，而不能改变化学平衡（平衡常数）。

③　催化剂只能加速热力学上可能进行的化学反应，而不能加速热力学上无法进行的反应。

④　催化剂对反应具有特殊的选择性：一是不同类型的反应需要选择不同性质的催化剂；二是对于同样的反应物选择不同的催化剂可以获得不同的产物。如乙醇在应用不同的催化剂时，可以获得不同的产物。

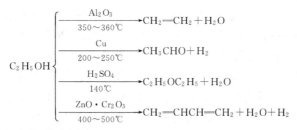

（3）催化剂的活性及其影响因素

① 催化剂的活性　催化剂的活性就是催化剂的催化能力，即催化剂改变化学反应速率的能力，它是评价催化剂作用大小的重要指标之一。工业上常用单位时间内单位重量（或单位面积）的催化剂在指定条件下所得的产品量来表示。

② 催化剂活性的影响因素　影响催化剂活性的因素有很多，主要有温度、载体、助催化剂和催化毒物等。

a. 温度　温度对催化剂活性影响很大，温度太低时，催化剂的活性小，反应速率很慢；随着温度上升，反应速率逐渐增大，但达到最大反应速率后，又开始降低。绝大多数催化剂都有活性温度范围。温度太低，催化剂的活性小；温度过高，催化剂易烧结而破坏活性。

b. 载体　载体是催化剂组分的分散、承载、黏合或支持的物质，其种类很多，如硅藻土、硅胶、活性炭、氧化铝、石棉等具有高比表面积的固体物质。使用载体可以使催化剂分散，从而使有效面积增大，既可提高其活性，又可节约其用量；同时还可增加催化剂的机械强度；防止其活性组分在高温下发生熔结现象，影响其使用寿命。

c. 助催化剂　助催化剂又称促进剂，单独存在时不具有或无明显的催化作用，若以少量与活性组分相配合，则可显著提高催化剂的活性、选择性和稳定性的物质。它可以是单质，也可为化合物。如在醋酸锌中添加少量的醋酸铋，可提高醋酸乙烯酯生产的选择性；乙烯法合成醋酸乙烯酯其催化剂的活性组分是钯金属，若不添加醋酸钾，其活性较低，如果添加一定量的醋酸钾，可显著提高催化剂的活性。

d. 催化毒物　对催化剂的活性有抑止作用的物质，称为催化毒物。有些催化剂对于毒物非常敏感，微量的催化毒物即可使催化剂的活性减少甚至消失。另外，毒化现象有时表现为催化剂的部分活性消失，因而呈现出选择性催化作用。这种选择性毒化作用，在生产上可以加以利用，如在维生素 A 的合成中，用喹啉、醋酸铅和硝酸铋处理的钯-碳酸钙（Pd-CaCO$_3$）催化剂仅能使分子中的炔键半还原成烯键，原有的烯键保留不变。

（4）酶催化剂

酶是一种具有特殊催化活性的蛋白质。酶催化剂（或称生物催化剂）不仅具有特异的选择性和较高的催化活性，而且反应条件温和，对环境的污染较小，广泛应用于生物、制药、制酒及食品工业中。

① 酶催化特性　酶催化剂与化学催化剂相比，既有共性，又有个性。除了具有化学催化剂的催化特性外，还具有生物催化剂的特性。

a. 高效性　酶具有极高的催化效率，酶的催化效率一般是其他类型催化剂的 $10^7 \sim 10^{13}$ 倍。以 H_2O_2 分解为例：

$$H_2O_2 \xrightarrow{\text{催化剂}} H_2O + O_2$$

用过氧化氢酶催化为铁离子催化的 10^{10} 倍。

b. 专一性　酶的专一性又称为特异性，是指酶只能催化一种或一类反应，作用于一种或一类极为相似的物质。它的专一性包括：反应专一性、底物专一性和立体专一性。如谷氨酸脱氢酶只专一催化 L-谷氨酸转化为 α-酮戊二酸，淀粉酶只能催化淀粉的水解反应等。这种性质称为酶的反应专一性。在底物专一性方面，有的酶表现绝对专一性，不过更多的酶具有相对专一性，它们允许底物分子上有小的变动。酶具有高度作用的立体专一性，即当酶作用的底物或形成的产物具有立体异构体时，酶能够加以识别，并有选择地催化。

c. 反应条件温和　酶促反应在温和条件下，收率较高，如常温、常压和接近中性的酸碱度。反应条件一般控制在 pH 5～8 水溶液，反应温度范围常为 20～40℃。否则，易引起酶的失活。

d. 易失活　凡能使蛋白质变性的因素如强酸、强碱、高温或其他苛刻的物理或化学条件都能使酶破坏而完全失去活性。所以酶作用一般都要求比较温和的条件。

② 酶催化反应的影响因素　酶催化时，起决定性作用的仅是酶分子的一小部分，即酶的活化中心。所谓活化中心，实际上包括与底物结合的部分和参与催化反应的部分，前者称为结合中心，后者称为催化中心。结合中心决定酶的专一性，催化中心决定酶的催化活力。影响酶催化反应的因素很多，如紫外线、热、表面活性剂、重金属盐以及酸碱变性剂等。

a. 抑制剂、活化剂及辅酶对酶催化反应的影响　酶的催化能力，可被许多物质所减弱、抑制甚至破坏，这些物质称为酶抑制剂，常见的有重金属离子（如 Ag^+、Hg^+、Cu^{2+}）、硫化物及生物碱等。有时酶的反应产物本身也可以起抑制作用。

活化剂的主要作用是提高酶活力。活化剂一般均是简单的离子。相似的离子往往都有活化酶的能力，常见的活化剂有 K^+、Na^+、Mg^{2+}、Ca^{2+}、Zn^{2+}、Mn^{2+}、Fe^{2+}、Cl^-、NO_3^-、SO_4^{2-} 等。

辅酶以特定的方式参与相应的酶反应，其本身也有弱催化能力，但远不能和酶相比，它们只有在与酶蛋白结合以后，才表现出高度专一的催化活性。

b. 温度对酶催化反应的影响　酶催化反应速率常常随温度的高低而变化，温度升高，酶催化反应速率加快；但当温度升到一定值以后，酶活力开始减退，此时反应速率随温度的升高而降低。就多数酶而言，最适宜的反应温度在 40～60℃。不同类型的酶所要求的温度也不同。

c. pH 值对酶活力的影响　酶是极性物质，对反应系统的 pH 值很敏感，一般地说，酶在某个 pH 值范围内出现最大活性，pH 值过高或过低都会使酶活力下降。强酸、强碱则对酶具有严重破坏作用。

d. 其他因素的影响　酶的本质是蛋白质，所以一些物理因素如紫外线、热、超声波等均能抑制和破坏酶的活性。

③ 固定化酶技术　固定化酶又称水不溶性酶，它是将水溶性的酶或含酶细胞固定在某种载体上，成为不溶于水但仍具有酶活性的酶衍生物，即运动受到限制而能发挥作用的酶制剂。将酶固定在某种载体上以后，一般都有较高的稳定性和较长的有效寿命，其原因是固化增加了酶构型的牢固程度，阻挡了不利因素对酶的侵袭，限制了酶分子间的相互作用。

固定化酶属于修饰酶，既具有生物催化剂的功能，又具有固相催化剂的特性，具有以下优点：稳定性提高，可多次使用；反应后，酶与底物、产物易于分离，产物易于纯化，产物质量高；反应条件易于控制，可实现转化反应的连续化和自动控制；酶的利用率高，单位酶催化的底物量增加，用酶量下降；比水溶性酶更适合于多酶反应。

以氨基酰化酶为例，天然的溶液游离酶在 70℃加热 15min 其活力全部丧失，但是当它固定于 EDTA-葡聚糖以后，同样条件下则可保存 80% 的活力。固定化还可增加酶对变性剂、抑制剂的抵抗力，减轻蛋白酶的破坏作用，延长酶的操作和保存有效期。大部分酶在固定化后，其使用和保存的时间显著延长。

固相酶能反复使用，使生产成本大大降低，在制药工业中的应用很广，如甾体激素的生物转化、半合成抗生素的生产、DL-酯类物质的消旋等。应用于半合成抗生素类的酶催化反应见表 2-1。

表 2-1　应用于半合成抗生素类的酶催化反应

反　　应	微生物细胞或酶
青霉素——→6-APA	青霉素酰化酶
头孢菌素——→7-ACA	氨基氧化酶
头孢菌素——→中间体——→7-ACA	氨基氧化酶,7-ACA 酰化酶
苯甘氨酸甲酯＋7-ADCA——→头孢氨苄	巨大芽孢杆菌 B-402
头孢菌素 C——→羟甲基头孢菌素	头孢菌素乙酰酯酶
葡萄糖——→青霉素 G	青霉菌($P. chrysogenum$)

例如青霉素类药物的重要中间体 6-APA 的制备。过去都是将青霉素 G 进行化学裂解得6-APA（6-氨基青霉烷酸），然后以 6-APA 为母体来制备一系列半合成青霉素。但 6-APA很不稳定，易分解，用化学裂解法时，需在低温下（－40℃左右）进行反应，且收率低，成本高。现在多采用青霉素酰化酶裂解法来制备 6-APA。

青霉素酰化酶存在于细菌、霉菌、酵母菌以及动物、植物的组织中。基于作用底物不同可将青霉素酰化酶分为两类：青霉素 G 酰化酶，主要存在于细菌中，它适用于裂解青霉素G 为 6-APA；青霉素 V 酰化酶，主要存在于霉菌、放线菌及酵母菌中，适用于裂解青霉素V 为 6-APA。工业上，一般采用大肠杆菌的青霉素 G 酰化酶、巨大芽孢杆菌的青霉素 G 酰化酶或镰刀霉菌的青霉素 V 酰化酶生产 6-APA。

青霉素酰化酶裂解青霉素 G 制备 6-APA 的反应式如下所示：

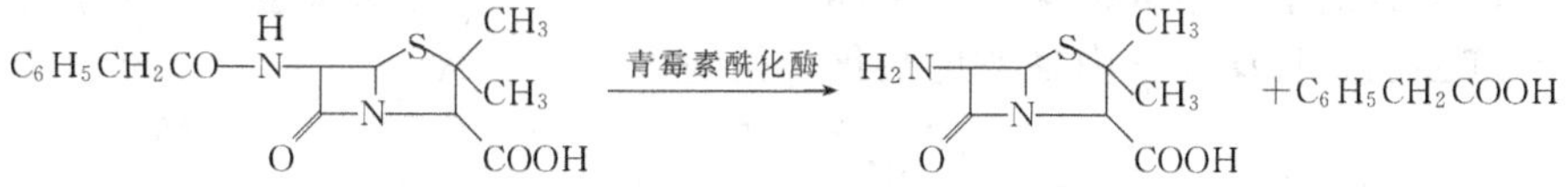

(5) 酸碱催化剂

凡具有未共享电子对而能够接收质子的物质（广义的碱），能与不共享电子对相结合的物质，即能够供给质子的物质（广义的酸），在一定条件下，都可以作为酸碱催化反应中的催化剂。例如淀粉水解、缩醛的形成及水解、贝克曼重排等都是以酸为催化剂的，而羟醛缩合、康尼查罗（Cannizzaro）反应等则是以碱为催化剂的。

常用的酸性催化剂有：①无机酸，如氢溴酸、氢碘酸、硫酸、磷酸等；②有机酸，如对甲苯磺酸、草酸、磺基水杨酸等；③路易（Lewis）酸，如三氯化铝（$AlCl_3$）、二氯化锌（$ZnCl_2$）、三氯化铁（$FeCl_3$）、四氯化锡（$SnCl_4$）和三氟化硼（BF_3）；④弱碱强酸盐，如氯化铵、吡啶盐酸等。

常用的碱性催化剂有：金属的氢氧化物、金属的氧化物、弱酸强碱的盐类、有机碱、醇钠、氨基钠和有机金属化合物等。

(6) 相转移催化剂（phase transfer catalyst，PTC）

相转移催化反应是使一种反应物由一相转移到另一相中参加反应，促使一个可溶于有机溶剂的底物和一个不溶于此溶剂的离子型试剂两者之间发生反应。从相转移催化原理来看，整个反应可视为配合物动力学反应。可分为两个阶段，一是有机相中的反应，二是继续转移负离子到有机相。它是有机合成中引人瞩目的新技术。常用的相转移催化剂可分为锛盐类、冠醚类及非环多醚类三大类。

① 鎓盐类　鎓盐类催化剂适用于液-液和液-固体系，并克服了冠醚的一些缺点，例如鎓盐能适用于所有正离子，而冠醚则有明显的选择性。鎓盐价廉、无毒。鎓盐在所有有机溶剂中可以各种比例溶解，故人们通常喜欢选用鎓盐作为相转移催化剂。鎓盐类催化剂常用季铵盐（TEBA）和季鏻盐，而考虑到价格及来源等因素，季铵盐使用得更为普遍。常用的有三乙基苄基氯化铵（TEBAC）、三辛基甲基氯化铵（TOMAC）、苄基三甲基氯化铵、四丁基硫酸氢铵等。鎓盐类催化剂虽然其结构不尽相同，但一般具有如下特点。

a. 分子量比较大的鎓盐比分子量小的鎓盐具有较好的催化效果。

b. 具有一个长碳链的季铵盐，其碳链愈长，效果愈好。

c. 对称的季铵离子比具有一个碳链的季铵离子的催化效果好，例如四丁基铵离子比三甲基十六烷基铵离子的催化效果好。

d. 季鏻盐的催化性能稍高于季铵盐，季鏻盐的热稳定性也比相应的季铵盐高。

e. 含有芳基的季铵盐不如烷基季铵盐的催化效果好。

例如相转移法制备扁桃酸是以苯甲醛、氯仿为原料，在催化剂 TEBA 及 50％氢氧化钠溶液存在下进行反应，再经酸化，萃取分离得到。

而以往多由苯甲醛与氰化钠加成得腈醇（扁桃腈），再水解制得。该法路线长，操作不便，劳动保护要求高。采用相转移法一步反应即可制得扁桃酸，既避免使用剧毒的腈化物，又简化了操作，收率亦较高。

又如 β-内酰胺抗生素诺卡霉素 A 的合成，是用 α-溴-α-(对甲氧苯基)-乙酸叔丁酯、粉状氢氧化钾和 TEBA，将单环 β-内酰胺烷基化，得到诺卡霉素 A 。

② 冠醚类　冠醚类也称非离子型相转移催化剂。它们具有特殊的络合功能，化学结构特点是分子中具有（Y—CH$_2$CH$_2$—）$_n$ 重复单位，式中 Y 为氧、氮或其他杂原子。由于它们的形状似皇冠，故称冠醚。冠醚能与碱金属形成配合物，这是由于冠醚的氧原子上的未共享电子对向着环的内侧，当适合于环的大小正离子进入环内，则由于偶极形成电负性的碳氧键和金属正离子借静电吸引而形成配合物。同时，又有疏水性的亚甲基均匀排列在环的外侧，使形成的金属配合物仍能溶于非极性有机介质中。但由于冠醚价格昂贵并且有毒，除在实验室应用外，迄今还没有应用到工业生产中。

常用的冠醚有 18-冠-6 、二苯基-18-冠-6 、二环己基-18-冠-6 等，结构如下：

18-冠-6　　　　二苯基-18-冠-6　　　　二环己基-18-冠-6

③ 非环多醚类　近年来，人们还研究了非环聚氧乙烯衍生物类相转移催化剂，又称为非环多醚或开链聚醚类相转移催化剂，这是一类非离子型表面活性剂。非环多醚为中性配体，具有价格低、稳定性好、合成方便等优点。常见类型有：聚乙二醇 $[HO(CH_2CH_2O)_nH]$、聚乙二醇脂肪醚 $[C_{12}H_{25}O(CH_2CH_2O)_nH]$、聚乙二醇烷基苯醚 $[C_8H_7—C_6H_6—O(CH_2CH_2O)_nH]$。

非环多醚类可以折叠成螺旋结构，与冠醚的固定结构不同，可折叠为不同大小，可以与不同直径的金属离子络合。催化效果与聚合度有关，聚合度增加，催化效果提高，但总的催化效果比冠醚差。

另有报道称章鱼分子具有可折叠的多醚支链的六取代苯衍生物，这类化合物能定量地提取碱金属苦味酸盐，已用做相转移催化剂。

2.2.1.7　溶剂

绝大部分药物合成反应都是在溶剂中进行的。溶剂不仅可以改善反应物料的传质和传热，并使反应分子能够均匀地分布，以增加分子间碰撞、接触的机会，加速反应进程。同时，溶剂也可直接影响反应速率、方向、深度和产物构型等。因此在药物合成中，溶剂的选择与使用是很关键的。

(1) 溶剂的定义和分类

溶剂广义上指在均匀的混合物中含有的一种过量存在的组分。工业上所说的溶剂一般是指能够溶解固体化合物（这一类物质多数在水中不溶解）而形成均匀溶液的单一化合物或两种以上组成的混合物。

溶剂有多种分类方法。按沸点高低分，溶剂可分为低沸点溶剂（沸点在 100℃ 以下）、中沸点溶剂（沸点在 100~150℃）、高沸点溶剂（沸点在 150~200℃）。低沸点溶剂蒸发速度快，易干燥，黏度低，大多具有芳香气味，属于这类溶剂的一般是活性溶剂或稀释剂，如二氯甲烷、氯仿、丙醇、乙酸乙酯、环己烷等。中沸点溶剂蒸发速度中等，如戊醇、乙酸丁酯、甲苯、二甲苯等。高沸点溶剂蒸发速度慢，溶解能力强，如丁酸丁酯、二甲基亚砜等。

按溶剂发挥氢键给体作用的能力，可分为质子性溶剂和非质子性溶剂两大类。

质子性溶剂含有易取代氢原子，既可与含负离子的反应物发生氢键结合，产生溶剂化作用，也可与负离子的孤电子对进行配位，或与中性分子中的氧原子（或氢原子）形成氢键，或由于偶极矩的相互作用而产生溶剂化作用。质子性溶剂有水、醇类、醋酸、硫酸、多聚磷酸、氢氟酸-三氟化锑（$HF-SbF_3$）、氟磺酸-三氟化锑（FSO_3H-SbF_3）、三氟醋酸（CF_3COOH）、氨或胺类化合物等。

非质子性溶剂不含有易取代的氢原子，主要是靠偶极矩或范德华力而产生溶剂化作用。介电常数（ε）和偶极矩（μ）小的溶剂，其溶剂化作用也小，一般将介电常数在 15 以上的称为极性溶剂，15 以下的称为非极性溶剂或惰性溶剂。

非质子性极性溶剂具有高介电常数（$\varepsilon > 15~20$）、高偶极矩（$\mu > 8.34 \times 10^{-30} C \cdot m$）。非质子性极性溶剂有醚类（乙醚、四氢呋喃、二氧六环等）、卤素化合物（氯甲烷、氯仿、二氯乙烷、四氯化碳等）、酮类（丙酮、甲乙酮等）、硝基烷类（硝基甲烷）、苯系（苯、甲苯、二甲苯、氧苯、硝基苯等）、吡啶、乙腈、喹啉、亚砜类 [二甲基亚砜（DMSO）]、酰胺类［甲酰胺、二甲基甲酰胺（DMF）、N-甲基吡咯酮（NMP）、二甲基乙酰胺（DMAA）、六甲基磷酰胺（HMPA）］等。

非质子性非极性溶剂的介电常数低（$\varepsilon < 15 \sim 20$）、偶极矩小（$\mu < 8.34 \times 10^{-30}$ C·m）。非质子性非极性溶剂又称为惰性溶剂，如芳烃类（氯苯、二甲苯、苯等）和脂肪烃类（正己烷、庚烷、环己烷和各种沸程的石油醚）。

溶剂的具体分类及其物性常数见表 2-2。

表 2-2　溶剂的分类及其物性常数

种类	质子性溶剂			非质子性溶剂		
	名　称	介电常数 ε(25℃)	偶极矩(μ) /(C·m)	名　称	介电常数 ε(25℃)	偶极矩(μ) /(C·m)
极性	水	78.39	1.84	乙腈	37.50	3.47
	甲酸	58.50	1.82	二甲基甲酰胺	37.00	3.90
	甲醇	32.70	1.72	丙酮	20.70	2.89
	乙醇	24.55	1.75	硝基苯	34.82	4.07
	异丙醇	19.92	1.68	六甲基磷酰胺	29.60	5.60
	正丁醇	17.51	1.77	二甲基亚砜	48.90	3.90
				环丁砜	44.00	4.80
非极性	异戊醇	14.70	1.84	乙二醇二甲醚	7.20	1.73
	叔丁醇	12.47	1.68	乙酸乙酯	6.02	1.90
	苯甲醇	13.10	1.68	乙醚	4.34	1.34
	仲戊醇	13.82	1.68	苯	2.28	0
				环己烷	2.02	0
				正己烷	1.88	0.085

(2) 溶剂对化学反应速率的影响

早在 1890 年，Menschuthin 在其关于三乙胺与碘乙烷在 23 种溶剂中发生季铵化作用的经典研究中就已经证实：溶剂的选择对反应速率有显著的影响。该反应速率在乙醚中比己烷中快 4 倍，比在苯中快 36 倍，比在甲醇中快 280 倍，比在苄醇中快 742 倍。

有机反应按其机理来说，大体可分成两大类，一类是自由基型反应，另一类是离子型反应。自由基型反应一般在气相或非极性溶剂中进行；而在离子型反应中，溶剂的极性对反应的影响常常是很大的。

如碘甲烷与三丙胺生成季铵盐的反应，活化过程中产生电荷分离，因此溶剂极性增强，反应速率明显加快。研究结果表明，其反应速率随着溶剂的极性变化而显著改变。如在正己烷中的反应速率为 1，则在乙醚中的相对反应速率为 120，在苯、氯仿和硝基甲烷中的相对反应速率分别为 37、13000 和 111000。

$$(C_3H_7)_3N + CH_3I \longrightarrow (C_3H_7)_3N^+CH_3 + I^-$$

(3) 溶剂对反应方向的影响

有时同种反应物由于溶剂的不同而产物不同，例如对乙酰氨基硝基苯的铁粉还原反应：

例如苯酚与乙酰氯进行的傅-克反应，若在硝基苯溶剂中进行，产物主要是对位取代物；若在二硫化碳中反应，产物主要是邻位取代物。

(4) 溶剂对产品构型的影响

① 由于溶剂极性的不同，某些反应产物中顺、反异构体的比例也不同。

$$Ph_3P=CHPh + C_2H_5CHO \longrightarrow C_2H_5CH=CHPh + Ph_3P=O$$

此反应是在乙醇钠存在下进行的维蒂希（Wittig）反应，顺式体的含量随溶剂的极性增大而增加。按溶剂的极性次序（乙醚＜四氢呋喃＜乙醇＜二甲基甲酰胺），顺式体的含量由31%增加到65%。

② 溶剂的极性不同也影响酮型-烯醇型互变异构体系中两种型式的含量。

乙酰乙酸乙酯的纯晶中含有7.5%的烯醇型和92.5%的酮型。极性溶剂有利于酮型物的形成，非极性溶剂则有利于烯醇型物的形成。以烯醇型物含量来看，在水中为0.4%，乙醇中为10.52%，苯中为16.2%，环己烷中为46.4%。随着溶剂极性的降低，烯醇型物含量越来越高。

(5) 重结晶溶剂的选择

成品和中间体的精制方法多种多样，液体常用蒸馏、减压蒸馏和精馏，固体用重结晶和柱分离等，其中以重结晶最为常用。应用重结晶法精制或提纯中间体、药物，主要是为了除去由原辅材料和副反应带来的杂质。因此，首先是选择理想的重结晶溶剂。在选择精制溶剂时，应通盘考虑溶解度、溶解杂质的能力、脱色力、安全、供应情况和价格、溶剂回收的难易和回收费用等因素。理想的精制用溶剂应对室温下的中间体、成品仅微溶，而在该溶剂的沸点时却相当易溶，同时，还应对杂质有良好的溶解性。

在进行制药工艺优化与研究时，实验室小试常采用尝试误差法进行重结晶溶剂的选择。尝试误差法即用非常少量待结晶的物料以多种溶剂进行试验，选择一种溶剂供重结晶用。这里注意重结晶溶剂的遴选原则：一是勿选用沸点比待结晶的物质熔点还高的溶剂，溶剂的沸点太高时，固体就在溶剂中熔融而不是溶解；二是溶剂的挥发性，低沸点溶剂，可通过简单的蒸馏回收，且析出结晶后，有机溶剂残留很容易去除。例如在生产抗真菌药氟康唑的产品精制中，由于反应除生成 N_1-取代物（氟康唑）之外，还产生 N_4-取代物的杂质。

N_1-取代物 (氟康唑)　　　　　　　　N_4-取代物 (杂质)

测定结果表明杂质的化学结构与产品的化学结构非常相近，给精制带来了困难。粗品用乙酸乙酯（1:17）加热溶解后，加入石油醚（与乙酸乙酯比为1:1）析出固体。一次重结晶，HPLC测定杂质一般为3%～8%，重复多次，每次只能使杂质下降20%～30%，达到规定（<1.5%）至少需重结晶 3～5 次，因而该方法的成品率低，溶剂消耗高。如果从反应液的后处理入手，先加水稀释（若用不溶于水的反应溶剂则先蒸除），以卤代烷提取，水洗，蒸馏，再用脂肪醇重结晶。该精制方法包括提取和重结晶两步，效果明显。HPLC 测定表明，一次精制品杂质可降至 1% 以下，未发现 1.5% 以上的不合格品，该法避免了使用乙酸乙酯与石油醚（60～90℃）混合溶剂无法回收的缺点，采用单一溶剂，溶剂回收率在 80% 以上。目前，该法已用于生产。

2.2.1.8 pH值（酸碱度）

反应介质的 pH 值对某些反应具有特别重要的意义。例如对水解、酯化等反应速率，pH 值的影响是很大的。在某些药品生产中，pH 值还起着决定质量、收率的作用。

例如，硝基苯在中性或微碱性条件下用锌粉还原生成苯羟胺，在碱性条件下还原则生成偶氮苯。

氯霉素中间体对硝基-α-乙酰氨基-β-羟基苯丙酮的羟甲基化反应，pH 值是关键性的因素。

该反应必须严格控制在 pH＝7.8～8.0 条件下进行。若反应介质呈酸性，则甲醛与乙酸化物根本不起反应；若 pH 过高，大于 8 以上，则引入两个羟甲基，甚至可能进一步脱水形成双键。如果碱性太强，缩合物中另一个 α-氢也易脱去，生成碳负离子，与甲醛分子继续作用，生成双缩合物。在酸性和中性条件下可阻止这一副反应的进行，但酸性过低，又不起反应。所以本反应必须保持在弱碱性的条件下进行。

2.2.1.9 搅拌

搅拌是使两个或两个以上反应物获得密切接触机会的重要措施，在化学制药工业中，搅拌很重要，几乎所有的反应设备都装有搅拌装置。搅拌对于互不混合的液-液相反应、液-固相反应、固-固相反应（熔融反应）以及固-液-气三相反应等特别重要。通过搅拌，在一定程度内加速了传热和传质，这样不仅可以达到加快反应速率、缩短反应时间的目的，还可以避免或减少由于局部浓度过大或局部温度过高引起的某些副反应。

如在结晶岗位，晶体不同，对搅拌器的型式和转速的要求也不同。一般来说，要制备颗粒较大的晶体，搅拌的转速要低一些，但也不宜特别低，可选用框式或锚式搅拌器，转速 20～60r/min。要制备颗粒较小的晶体，搅拌的转速要高一些，则搅拌器采用推进式，转速可根据需要来确定。

不同的反应要求不同的搅拌器型式和搅拌速度，实验室和工业化生产对搅拌的要求也不一样。工业上的搅拌情况在实验室里不易研究，须在中试车间或生产车间中解决。若反应过程中反应物越来越黏稠，则搅拌器型式的选择颇为重要。有些反应一经开始，必须连续搅拌，不能停止，否则很容易发生安全事故（爆炸）和生产事故（收率降低）。

如应用固体金属雷尼镍的催化反应，若搅拌效果不佳，密度大的雷尼镍沉在罐底，就起不到催化作用。又如乙苯硝化时，此反应是强放热反应，为保证硝化过程的安全操作，必须有良好可靠的搅拌装置。混酸是在搅拌下加入到乙苯中去的，因两者互不相溶，搅拌是使反应物成乳化状态，增加乳化物和混酸的接触。硝化要求搅拌转速均匀，不宜过快，尤其是在间歇硝化反应加料阶段；但若转速过慢、中途停止搅拌或搅拌叶脱落导致搅拌失效，很容易因局部浓度过高而造成冲料或发生重大安全事故，将是非常危险的。因为两相很快分层而停止反应，当积累过量的硝化剂或被硝化物时，一旦重新搅拌，会突然发生剧烈反应，在瞬间放出大量热，使温度失控而导致安全事故。所以硝化时采用旋桨式搅拌器，混酸时采用推进式搅拌器。反应方程式如下：

$$\text{\Large\textcircled{}}-CH_2CH_3 \xrightarrow{HNO_3/H_2SO_4} O_2N-\text{\Large\textcircled{}}-CH_2CH_3$$

工业上使用的搅拌器型式、性能特征和选型在本书后面章节详细介绍。

另外，产物分离与精制、原辅材料和中间体的质量监控、设备因素和设备材质等因素也要进行适当研究，为中试放大提供实验数据与依据。

2.2.2 实验室小试过程

当药物的工艺路线初步选定后，就要进入工艺条件探索的第一阶段：实验室小试阶段。主要探讨工艺路线中单元反应原理的可行性、原辅材料的确定过程、反应后处理方法的确定过程、设备材质过渡试验、反应条件极限试验、工艺条件的最优化过程和实验室小试过程应达到的要求。

2.2.2.1 原理的可行性

实验室小试是对实验室原有的合成路线和方法进行全面的系统的改进与研究，找出最适宜的反应条件，提高收率。所谓最适宜条件，一般至少应具有以下两层含义。

① 研究化学反应机理，掌握其客观规律，选择最有利的反应条件，有效地控制反应朝着正反应方向进行。

② 加速正反应，避免或阻滞副反应的发生，以最短的时间和最少的原料获取最多的产品，提高收率。

在工艺路线中，每个单元反应除发生正反应（主要反应）外，同时还存在副反应，这在有机合成中几乎是不可避免的。对于副反应必须加以控制，尽可能避免其发生，或者尽可能使其缓慢进行。为此，对副反应本身的规律也须认真研究。如对于主要是温度过高引起的副反应，必须严格控制反应温度；对于浓度不当引起的副反应，必须调节反应物浓度。总之，要针对发生副反应的主要原因进行有效控制。当然，副反应可能不止一个，发生副反应的主要因素也可能不止一个。在这种情况下，应首先找出主要的副反应，然后针对主要副反应本身的规律，控制有关的主要因素。

通过实验室小试过程优化工艺条件，不仅能大大减少由于各种影响因素而发生副反应的可能性，提高产物或中间体的质量。而且，还能提高设备的生产能力和缩短生产周期。影响反应速率的因素可归纳为配料比、浓度、温度、溶剂、催化剂等，这些因素都是研究反应条件的主要对象。

由于副反应的存在，许多有机反应往往有两个或两个以上的反应同时进行，生成的副产物混杂在主产物中，致使产品质量不合格，有时需要反复精制，才能达到质量标准。例如在盐酸氯丙嗪（chlompramazine）生产中，3-氯二苯胺在碘的催化下与升华硫作用，可以生成主产物 2-氯吩噻嗪和少量副产物 4-氯吩噻嗪,它们都能与侧链 N,N-二甲基氯代丙胺缩合,分别生成氯丙嗪和副产物 4-氯吩噻嗪的衍生物,所得的产品必须反复精制才能合格,使缩合反应收率降低。

2-氯吩噻嗪   4-氯吩噻嗪

氯丙嗪

为降低终产物分离提纯的难度,提高收率,得到合格产品氯丙嗪。可在实验室小试阶段采取如下措施:①优化环合反应工艺条件,抑制副产物 4-氯吩噻嗪的生成;②在缩合反应前先将副产物 4-氯吩噻嗪除去;③可使用过量的原料 3-氯二苯胺,但是起始物的用量过多,必然会增加成本,在以后中试和生产阶段可采用母液套用的办法来解决这个问题。

2.2.2.2 原辅材料的确定过程

原辅材料是药物生产的物质基础,没有稳定的原辅材料供应就不能组织正常的生产。在对所设计或选择的工艺路线以及各步化学反应的工艺条件进行实验研究时,开始时常使用试剂规格的原辅材料(原料、试剂、溶剂等),这是为了排除原辅材料中所含杂质的不良影响,从而保证实验结果的准确性。但是当工艺路线确定之后,在进一步考察工艺条件时,就应尽量改用以后生产上能得到供应的原辅材料。为此,应考察某些工业规格的原辅材料所含杂质对反应收率和产品质量的影响,制定原辅材料的规格标准,规定各种杂质的允许限度,即进行原辅材料规格的过渡试验。进行原辅材料规格的过渡试验确定原辅材料应把握以下几个原则。

① 通常实验室采用 CP 级(化学纯)或 AR 级(分析纯)试剂,杂质受到较严格的控制,而工业化生产不可能使用试剂级原料。工业级原料中混入的微量杂质,可能造成催化剂中毒或者催化副反应,也可能影响产品的品质。所以,实验室研究阶段在选择原材料时就必须考虑经济原因。

② 对原辅材料或试剂的基本要求是利用率高。所谓利用率,即骨架和官能团的利用程度,这又取决于原料和试剂的结构、性质以及所进行的反应。一般原辅材料利用率越高,反应收率越高,性能优良,副反应少。

③ 考虑原辅材料的价格、供应情况以及安全性能。应根据产品的生产规模,结合各地原辅材料供应情况进行选择,尽量选择廉价的原材料(例如,选用铁粉加稀酸作为还原剂,要比使用四氢铝锂等实验室还原剂便宜得多)。国内外各种医药化工原料和试剂目录或手册可为挑选合适的原料和试剂提供重要线索。另外,了解工厂的生产信息,特别是有关药物和化工重要中间体方面的情况,亦对原料选用有很大帮助。在安全性能方面应尽量选择不易燃、不易爆、无毒或毒性低等原辅材料。如某些药物生产工艺路线中需用乙醚等低沸点、易

燃、易爆的有机溶剂，在我国很多地区夏季气温过高时，只得停产，这时可用四氢呋喃、甲苯或混合溶剂替代。又如生产抗结核病药异烟肼需用 4-甲基吡啶，后者既可用乙炔与氨合成制得，又可用乙醛与氨合成而得。某制药厂因位于生产电石的化工厂附近，乙炔可以从化工厂直接用管道输送过来，则可采用乙炔为起始原料。若附近没有乙炔供应的制药厂则宜选用乙醛为起始原料。

④ 确定原辅材料的最低含量。原辅材料的质量与下一步反应及产品质量密切相关，若对杂质含量不加以控制，不仅影响反应的正常进行和收率的高低，而且影响药品质量和疗效，甚至危害患者的健康和生命。因此，通过实验室的原辅材料过渡试验必须制定生产中采用的原料、中间体的质量标准，特别是其最低含量。如原料或中间体含量发生变化，如果继续按原配料比投料，就会造成反应物的配比不符合操作规程要求，从而影响产物的质量或收率。因此必须按照含量，计算投料量。若原辅材料来源发生变更，必须严格检验后，才能投料。同时，要经常检查度量工具，加强分析检验，做到计量准确，选用质量合格的原辅材料及中间体。

⑤ 加强原辅材料的回收和综合利用。可采用套用母液（特别是结晶母液）或回收母液中的成品等。有些产品的"下脚废料"，经过适当处理后，又可以成为原料。

如氯霉素的生产过程中"混旋氨基物"经拆分后，D-氨基物用于氯霉素的制备，而 L-氨基物成为副产物。可将此副产物氧化制成对硝基苯甲酸；还可将其经酰化、氧化、水解处理，再经消旋化得"缩合物"，可循环利用于氯霉素的生产过程中。

混旋氨基物　　　　　　　D-氨基物　　　　　　　L-氨基物

2.2.2.3　反应后处理方法的确定过程

一般来说，反应的后处理是指在化学反应结束后一直到取得本步反应产物的整个过程。这里不仅要从反应混合物中分离得到目的产物，而且也包括母液的处理等。它的化学过程较少，而多数为化工单元操作过程，如分离、提取、蒸馏、结晶、过滤以及干燥等。

后处理的方法随反应的性质不同而异。但在研究此问题时，首先，应摸清反应产物系统中可能存在的物质种类、组成和数量等（这可通过反应产物的分离和分析化验等工作加以解决），在此基础上找出它们性质上的差异，尤其是主产物或反应目的产物与其他物质相区别的特性。然后，通过实验拟定反应产物的后处理方法，在研究与制定后处理方法时，还必须考虑简化工艺操作的可能性，并尽量采用新工艺、新技术和新设备，以提高劳动生产率，降低成本。

如相转移法制备 DL-扁桃酸，在反应完成后的后处理提纯过程中，可采用减压蒸馏的方法，直接收集其馏分，得 DL-扁桃酸纯品。也可将反应液采用常压蒸馏的方法蒸去乙醚，冷却，得 DL-扁桃酸粗品，再将粗品用甲苯重结晶、抽滤、干燥，得 DL-扁桃酸纯品。后处理方式虽然不同但均可得到同一产物 DL-扁桃酸。

又如对硝基苯乙酮是氯霉素的中间体。原生产工艺中对硝基苯乙酮的后处理提纯过程是根据反应液的含酸量加入碳酸钠溶液，然后充分冷却，使对硝基苯乙酮结晶析出（图 2-7）。但冷冻析出对硝基苯乙酮结晶的母液，仍含有未反应的对硝基乙苯，用亚硫酸氢钠溶液分解除去过氧化物后，进行水蒸气蒸馏，回收对硝基乙苯，但对硝基苯乙酮由于受其自身热稳定性的限制，几乎无法对其进行回收。

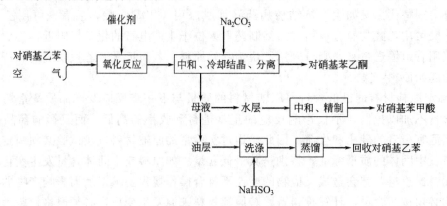

图 2-7　对硝基苯乙酮的原生产工艺

　　最近有报道称，对对硝基苯乙酮生产工艺的后处理工序进行改进，采用次氯酸和亚硫酸氢钠代替单一的亚硫酸氢钠处理冷冻析出对硝基苯乙酮结晶的母液，再进行减压蒸馏回收，回收大部分的对硝基乙苯，残渣冷却结晶，－2℃分离，水洗，可回收对硝基苯乙酮，提高收率。

　　在药物的工艺路线中，有些路线的合成步骤与化学反应并不多，然而后处理的步骤与工序却很多，且较为麻烦。因此，做好反应的后处理对于提高反应产物的收率、保证药品质量、减轻劳动强度和提高劳动生产率都有着非常重要的意义。为此，必须重视后处理的工作，要认真对待。

2.2.2.4　设备材质过渡试验

　　在实验室研究阶段，大部分的试验是在小型的玻璃仪器中进行，化学反应过程的传质和传热都比较简单。在工业化生产时，反应物料要接触到各种设备材质，传热、传质以及化学反应过程都要受流动形式和状况的影响，因此，设备条件是化学原料药生产中的重要因素。各种化学反应对设备的要求不同，反应条件与设备条件之间是相互联系又相互影响的。有时某种材质对某一化学反应有极大的影响，甚至使整个反应失败。

　　例如将对二甲苯、对硝基甲苯等苯环上的甲基经空气氧化成羧基（以冰醋酸为溶剂，以溴化钴为催化剂）时，必须在玻璃或钛质的容器中进行，如有不锈钢存在，可使反应遭到破坏。因此，必要时可先在玻璃容器中加入某种材料，以试验其对反应的影响。

　　又如，乙苯的硝化反应是多相反应，在搅拌下将混酸加到乙苯中，混酸与乙苯互不相溶，搅拌效果的好坏在这里尤为重要，加强搅拌可增加二者接触面积，加速反应。混酸配制的加料顺序与实验室不同。在实验室用烧杯做容器，不产生腐蚀问题，在生产上则必须考虑到这一点。20％～30％的硫酸对铁的腐蚀性最强，而浓硫酸对铁的作用则弱。混酸中浓硫酸的用量要比水多得多，将水加于酸中可大大降低对混酸罐的腐蚀。另外，在良好的搅拌下，水以细流加入浓硫酸中产生的稀释热立即被均匀分散，因此不会出现在实验室时发生的酸沫四溅现象。

　　反应方程式如下：

$$\text{\large⟨⟩}-CH_2CH_3 \xrightarrow{HNO_3/H_2SO_4} O_2N-\text{\large⟨⟩}-CH_2CH_3$$

　　因此，在实验室研究阶段可在玻璃容器中加入某种材料，以试验其对反应的影响。对于具有腐蚀性的原辅材料，需做对设备材质的腐蚀性实验，为中试放大和选择设备材质提供数据。

最后还必须指出,在整个工艺条件的实验研究中,应注意培养熟练的操作技术和严谨细致的工作作风,操作误差不能超过一定范围(一般控制在±1.5%),以保证实验数据和结果的准确性。

2.2.2.5 反应条件极限试验

经过详细的工艺研究,可以找到最适宜的工艺条件,如配料比、温度、酸碱度、反应时间、溶剂等,它们往往不是单一的点,而是一个许可范围。有些尖顶型化学反应对工艺条件要求很严,超过某一极限后,就会造成重大损失,甚至发生安全事故。在这种情况下,应该进行工艺条件的极限试验,有意识地安排一些破坏性试验,以便更全面地掌握该反应的规律,为确保生产安全提供必要的数据。

如氯霉素的生产中,乙苯的硝化和对硝基乙苯的空气氧化等工艺都是尖顶型化学反应,因此,对催化剂、温度、配料比和加料速度等都必须进行极限试验。就乙苯硝化反应中温度的控制而言,乙苯的硝化为激烈的放热反应,温度控制不当,会产生二硝基化合物,并有利于酚类的生成。若温度过高,会生成大量副产物,严重时有发生爆炸的可能性;若温度过低,反应速率太慢。所以在硝化过程中,要控制适宜的温度使反应正常进行,不能过高也不能过低。

2.2.2.6 工艺条件的最优化过程

工艺路线中每一个单元反应的工艺条件都需要优化,都需要做大量实验。为了做最少的实验,得到最好的结果,需要根据科学原理,运用一定的方法来安排实验点,进行必要的试验设计。通过少量的实验,比较实验结果,迅速找出使某种指标最优的有关因素值的方法,称为试验最优化,简称优选法。

欲在影响反应的诸多因素中分清主次,就需要通过科学合理的实验设计及优选法,找出影响生产工艺的内在规律以及各因素间的相互关系,找出生产工艺设计所要求的参数,为确定生产工艺提供参考。试验设计及优选法是以概率论和数理统计为理论基础,安排试验的应用技术。其目的是通过合理地安排试验和正确地分析试验数据,以最少的试验次数,最少的人力、物力,最短的时间达到优化生产工艺方案。

试验设计及优选法过程可分为试验设计、试验实施和分析试验结果三个阶段。首先要明确试验目的,即试验追求的指标是什么?要考察的因素有哪些?它们的变动范围如何?其次是进行试验设计,然后按设计好的方案实施实验。最后要对试验结果进行分析,确定所考察的因素哪些是主要的,哪些是次要的。如果试验设计得好,对试验结果分析得法,就能将试验次数减少到最低限度,缩短试验周期,使生产工艺达到优质、高产、污染少、低消耗、高效益的目的。

在制药工艺实验室研究阶段(小试),通常采用单因素平行试验优选法、多因素正交设计优选法和均匀设计优选法。

(1) 单因素平行试验优选法

单因素平行试验优选法是在其他条件不变的情况下,考察某一因素对收率、纯度的影响。通过设立不同的考察因素平行进行多个反应来优化反应条件,例如在温度、压力和配料比等反应条件固定不变时,研究反应时间对收率的影响;或者在反应时间、温度和压力等反应条件固定不变时,研究配料比对收率的影响等。目前该方法在制药工艺研究中较为常用。单因素平行试验设计方法,主要有"平分法"、"黄金分割法"等。

(2) 多因素试验(正交设计、均匀设计)

制药工艺路线的优化是一件极复杂又繁琐的事。每一个单元反应中投料量多少、催化剂的选择、作用时间、温度、pH 值及搅拌等因素均影响产品的收率和纯度。要考察多个因素对产品的影响情况，实验室常采用多因素正交设计、均匀设计优选法。

多因素正交设计、均匀设计优选法是选定影响反应收率的因子数和欲研究的水平数进行正交设计或均匀设计，按正交设计法或均匀设计法安排实验即可以达到简化的目的，也具有代表性，不会漏掉最佳反应条件，有助问题的迅速解决。

① 正交试验设计及优选方法　正交试验设计法就是用已经造好了的表格（即正交表）来安排试验并进行数据分析的一种方法。正交表是正交试验工作者在长期工作实践中总结出的一种数字表格。正交表常采用 $L_n(t^q)$ 的形式表示：

$$L_n(t^q)$$

- 水平数
- 正交表列的数目（因子数）
- 正交表行的数目（试验次数）
- 正交表代号

正交设计是在全面试验点中挑选出最具有代表性的点做试验，挑选的点在其范围内具有均匀分散和整齐可比的特点。均匀分散是指试验点均衡地分布在试验范围内，每个试验点有成分的代表性。整齐可比是指试验结果分析方便，易于分析各个因素对目标函数的影响。

a. 正交试验设计法的步骤　正交试验设计法一般有以下 5 步骤：确定考察的因素数和水平数；选取适合的正交表；制定试验方案；进行试验并记录结果；试验结果计算分析（只进行直观分析）。

b. 实例分析　例如通过正交试验确定重氮化和水解制备维生素 B6 的最适宜工艺条件。试验目的是搞清楚哪些因素对收率有影响？哪些是主要的影响因素？哪些是次要的影响因素？从而确定最佳工艺条件。

具体的试验设计步骤如下。

（a）确定考察的因素数和水平数　因素数（正交法中称为因子数），在本例中要考察酸、滴加温度、水解温度、氢化物、亚硝酸钠；酸的配料比、氢化物浓度和催化剂六个因素。还应根据专业知识，在所要考察的范围内确定要研究比较的条件（正交表中称为水平数），即确定各因素的水平数。本例确定的因素水平表见表 2-3。

表 2-3　因素水平表

	酸	滴加温度/℃	水解温度/℃	氢化物∶亚硝酸钠∶酸	氢化物浓度	催化剂
1	HCl	68~72	88~92	1∶2.32∶1.58	原浓度	不加
2	H_2SO_4	88~92	96~98	1∶1.80∶1.58	浓缩 0.15 倍	加 4%

（b）选用适合的正交表　选用正交表时，应使确定的水平数与正交表中因子的水平数一致；正交表列的数目应大于要考察的因子数。所以，本例中选用 $L_8(2^7)$ 为适合的正交表。

（c）制定试验方案　首先进行因子安排，即把所考察的每个因子任意地对应于正交表的各列（一个因子对应一列，不能让两个因子对应同一列），然后把每列的数字"翻译"成所对应因子的水平，这样，每一行的各水平组合就构成了一个试验条件，从上到下就是这个正交试验的方案，如表 2-4 所示。

表 2-4　正交表 L₈(2⁷)

表 2-4　正交表 $L_8(2^7)$

	酸(A)	滴加温度(B)	配比(C)	催化剂(D)	氢化物浓度(E)	水解温度(F)	质量/g	收率/%
1	1	1	1	1	1	1	11.97	67.85
2	1	1	2	2	2	2	13.00	60.63
3	2	2	1	1	2	2	15.96	74.46
4	2	2	2	2	1	1	12.76	72.35
5	1	2	1	2	1	2	12.53	71.03
6	1	2	2	1	2	1	13.70	63.90
7	2	1	1	2	2	2	13.62	63.52
8	2	1	2	1	1	2	13.58	78.52
K_1	65.85	67.63	69.22	71.18	72.47	66.91		
K_2	72.21	70.44	68.85	66.88	65.63	71.16		
R	6.36	2.81	0.37	4.30	6.84	4.25		

(d) 进行试验并记录结果　按设计好的试验方案中所列试验条件严格操作，试验顺序不限，并将试验结果（产品质量和收率）记录在表 2-4 中。

(e) 计算分析试验结果　表 2-4 中 K_1 和 K_2 分别表示 1 水平和 2 水平下在各影响单因素下收率的平均值，数据最大者对应的水平数为最佳水平数，即收率最高。本例中的最佳水平组合为：$A_2B_2C_1D_1E_1F_2$。

极差 R 的大小可用来衡量试验中相应因素（因子）作用的大小。当水平数完全一样时，R 大的因素为主要因素，R 小的因素为次要因素。本例中酸和氢化物浓度的极差 R 较大，分别为 6.36 和 6.84，为影响试验的主要因素，即用硫酸代替盐酸，氢化物原浓度，均使收率提高。其次催化剂（$R=4.30$）和水解温度（$R=4.25$）对收率的影响也较重要。

为了进一步考察酸（A）、催化剂（D）和滴加时间（G）这三个因素对收率的影响，如表 2-5 所示。

表 2-5　正交表 $L_4(2^3)$

	酸(A)	滴加时间/min(G)	催化剂(D)	质量/g	收率/%
1	HCl	60	不加	9.46	70.60
2	HCl	30	加 7%	9.26	68.96
3	H_2SO_4	60	加 7%	9.89	73.81
4	H_2SO_4	30	不加	9.76	72.83
K_1	69.78	72.21	71.72		
K_2	73.32	70.89	71.38		
R	3.54	1.32	0.34		

通过正交试验，维生素 B_6 重氮化及水解最适宜的工艺条件如下。

配比：氢化物：亚硝酸钠：硫酸＝1.0：2.0：1.5。

氢化物浓度：原浓度。

滴加亚硝酸钠温度：78～82℃。

水解温度：96～98℃。

催化剂：不加。

② 均匀设计及优选方法　正交设计是广泛用于多因素、多水平的试验设计方法。但是，当某一药物合成工艺的影响因素较多时，试验的次数就比较多。如果合成一个药物时，有 7 个因素水平需要考虑，那么正交设计就至少要做 $7^2＝49$ 次试验。而均匀设计所做试验的次

数仅与水平数相同，即做 7 次试验即可同样达到高质量效果。

均匀设计为我国数学家方开泰首创，可适用于多因素、多水平试验设计方法。试验点在试验范围内充分均衡分散，这就可以从全面试验中挑选更少的试验点为代表进行试验，得到的结果仍能反映该分析体系的主要特征。这种从均匀性出发的设计方法，称为均匀设计试验法。

均匀设计与正交设计一样，也需要使用规范化的表格（均匀设计表）设计试验。与正交设计不同的是，均匀设计还要有使用表，设计试验时必须将均匀设计表与使用表联合使用。均匀设计表用 $U_n(t^q)$ 表示：

$$U_n(t^q)$$

- 水平数
- 均匀表列的数目（因子数）
- 均匀表行的数目（试验次数）
- 均匀表代号

均匀表 $U_n(t^q)$ 必须与其相应的使用表配套使用。因为均匀设计表的各列是不平等的，当因素的个数不同时，挑选的列也不同；而使用表能确定所选的列数，以确保其实验点的均匀分布。因此，只有均匀设计表与使用表相配套使用时，才能正确地进行均匀设计。$U_5(5^4)$ 的均匀设计表与其配套使用表如表 2-6 和表 2-7 所示。

表 2-6 均匀设计表 $U_5(5^4)$

	1	2	3	4
1	1	2	3	4
2	2	4	1	3
3	3	1	4	2
4	4	3	2	1
5	5	5	5	5

表 2-7 $U_5(5^4)$ 的使用表

因素数	列号
2	1,2
3	1,2,4
4	1,2,3,4

$U_5(5^4)$ 表为五行四列表。行数为水平数（试验次数），列数为安排的最大因素数。如果一个试验按 $U_5(5^4)$ 表安排试验，依据 $U_5(5^4)$ 使用表，考察 2 因素时，选取 1,2 列安排试验；考察 3 因素时，选取 1,2,4 列安排试验等。

均匀设计表根据水平数选用，如 5 水平，选用 $U_5(5^4)$ 表；7 水平选用 $U_7(7^6)$ 表等。

2.2.2.7 实验室小试过程要达到的要求

通过实验室小试过程主要是优化反应条件与产品收率和纯度之间的关系，以获得最佳工艺条件，为实现工业化生产提供有力的实验数据。因此实验室小试过程应达到如下要求。

① 实验室小试收率稳定，质量可靠。
② 反应条件确定，提纯方法可靠，产品、中间体及原料的分析方法已经制定。
③ 某些设备、管道材质的耐腐蚀试验已经进行，并能提出所需的一般设备。
④ 对成品的精制、结晶、分离和干燥的方法及要求已确定。
⑤ 进行小试制备过程的简单物料衡算，"三废"问题已有初步的处理方法。
⑥ 提出所需原料的规格和单耗数量。
⑦ 提出安全生产要求。

2.2.3 中试放大过程

中试放大是在实验室小试规模生产的工艺路线打通后，采用该工艺在模拟工业化生产的条件下所进行的工艺研究，以验证放大生产后原工艺的可行性，保证研发和生产时工艺的一致性。中试放大是连接实验室研究和工业化生产的重要部分，是评价原料药制备工艺可行性、真实性的关键，是质量研究的基础，也是降低产业化实施风险的有效措施。中试放大的目的是验证、复审和完善实验室工艺所研究确定的合成工艺路线是否成熟、合理，主要经济技术指标是否接近生产要求；研究选定的工业化生产设备结构、材质、安装和车间布置等，为正式生产提供数据和最佳物料量和物料消耗等，同时也为临床试验和其他深入的药理研究提供充足的药品。中试放大是连接实验室试验与工业化生产的桥梁，是快速、高水平到工业化生产的重要过渡阶段，其水平代表工业化的水平，可为产业化生产积累必要的经验和试验数据，具有重要意义。

2.2.3.1　中试放大的重要性

实验室小试是在实验室规模的条件下进行，研究化学或生物合成反应步骤及其规律，考查工艺参数、设备与原料、转化率、收率、成本估算等，目的是为中试做技术准备。而中试放大是把实验室小试研究确定的工艺路线与条件，放大 50～100 倍的中等规模进行工艺试验，进一步研究在放大规模的装置中各步化学反应条件的变化规律，并解决实验室中所不能解决或发现的问题，工业化生产条件的考查、优化，包括产品质量、经济效益、劳动强度等，确定最佳操作条件。目的是为车间设计、施工安装、中间质控、制定质量要求与规程提供数据和资料。

确定工艺路线后，每一步的化学合成反应一般不会因实验或生产的设备条件不同而有明显的改变，但各步化学反应的最佳反应工艺条件，则可能随实验规模和设备等外部条件的不同而改变。如果把小试时使用玻璃仪器条件下所获得的最佳工艺条件原封不动地套用到工业化生产中，有时会发生溢料、爆炸等安全事故，会影响产品或中间体的质量和收率，甚至于根本生产不出符合药品标准的产品。如对乙酰氨基酚的生产中采用的催化加氢工艺，通氢气反应的控制要求和设备要求与小试都有明显的差异。因此必须在模拟生产设备上基本完成由小试向生产操作过程的过渡，确保按操作规程，使用规定的原材料，在模拟设备上能始终生产出预定质量标准的产品，而且产品的原材料单耗等经济技术指标合理，"三废"的处理方案和措施的制定符合环境评价要求，安全、防火、防爆等措施符合安全消防要求，提供的劳动安全防护措施能确保预防操作人员卫生职业病的发生。

2.2.3.2　中试放大的方法

中试放大的方法有经验放大法、相似放大法、数学模拟放大法、关键环节放大法。

（1）经验放大法

主要凭借经验通过逐级放大（试验装置→中间装置→中型装置→大型装置）来摸索反应器的特征，是目前药物合成工艺研究中采用的主要方法。采用经验放大法的前提条件是放大的反应装置必须与提供经验数据的装置保持完全相同的操作条件。经验放大法适用于反应器的搅拌形式、结构等反应条件相似的情况，而且放大倍数不宜过大，一般每级放大 10～30 倍。

经验放大法是根据空时得率相等的原则，即虽然反应规模不同，但单位时间、单位体积反应器所生产的产品量（或处理的原料量）是相同的，通过物料平衡，求出为完成规定的生产任务所需处理的原料量后，得到空时得率的经验数据，即可求得放大反应所需反应器的容积。

（2）相似放大法

主要是应用相似理论进行放大，按相似准数相等的原则进行放大。一般只适用于物理过程的放大，而不宜用于化学反应过程的放大。相似放大法在某些特殊情况下才有可能应用，例如反应器中的搅拌器与传热装置等的放大。

(3) 数学模拟放大法

数学模拟放大法又称为计算机控制下的工艺学研究，是利用数学模型来预计大设备的行为，实现工程放大的放大法；是在掌握对象规律的基础上，通过合理简化，对其进行数学描述，在计算机上综合，以等效为标准建立设计模型，用小试、中试的实验结果考核数学模型，并加以修正，最终形成设计软件。其优点是费用省，建设快，是今后中试放大技术的发展方向。

数学模拟放大法的基础是建立数学模型。数学模型是描述工业反应器中各参数之间关系的数学表达式。数学模型方法首先将工业反应器内进行的过程分解为化学反应过程与传递过程，在此基础上分别研究化学反应规律和传递规律。化学反应规律不因设备尺寸变化而变化，完全可以在小试中研究。而传递规律与流体密切相关，受设备尺寸影响，因而需在大型装置上研究。数学模型方法在化工开发中有以下几个主要步骤。

① 小试研究化学反应规律。

② 大型试验研究传递过程规律。

③ 用得到的实践数据，在计算机上综合预测放大的反应器性能，寻找最优的工艺条件。

④ 由于化学反应过程的复杂程度，对过程的认识深度决定着中试的规模，中试的目的则是为了考察数学模型，经修正最终形成设计软件。

数学模型法以实验为主导，依赖于实验。不仅避免了相似放大法中的盲目性与矛盾，而且能够较有把握地进行高倍数放大，缩短放大周期。

(4) 关键环节放大法

不必做全工艺流程的中试放大，而只做流程中某几个关键环节的中试放大。中试放大采用的装置，可以根据反应条件和操作方法等进行选择或设计，并按照工艺流程进行安装。中试放大也可以在适应性很强的拥有各种规格的中小型反应罐和后处理设备的多功能车间中进行。

此外，微型中间装置的发展也很迅速，即采用微型中间装置替代大型中间装置，为工业化装置提供精确的设计数据。

2.2.3.3　中试放大的基本条件

实验进行到什么阶段才进行中试呢？简单地说，中试是小试工艺和设备的结合问题，小试达到以下要求时，具备了药品中试放大的基本条件。

① 小试合成路线确定，反应条件确定，提纯方法可靠，操作步骤明晰，产品收率稳定且质量可靠。

② 已取得小试工艺多批次稳定翔实的实验数据，进行了3～5批小试稳定性试验，说明该小试工艺稳定可行。

③ 对成品的精制、结晶、分离和干燥的方法及要求已确定。

④ 建立了成品、中间体和原材料的质量标准，检测分析方法成熟确定。

⑤ 设备、管道材质的耐腐蚀实验已经完成。

⑥ 进行了小试制备过程的物料衡算。

⑦ 制备过程中产生的"三废"已有初步的处理方法。

⑧ 已提出原材料的规格和单耗数量。

⑨ 已提出安全生产的要求。

2.2.3.4　中试放大工作步骤

中试生产的原料药一般要供临床试验，中试生产的一切活动要符合《药品生产质量管理规范》（GMP），产品的质量和纯度要达到药用标准。美国 FDA 规定，在新药申请（NDA）时要提供原料药中试生产（或今后大规模生产）的资料。原料药和中间体中试放大的工作步骤按以下程序进行。

① 依据小试操作步骤和配料比进行小试物料衡算，物料衡算要包括原材料消耗（包括回收溶剂的回收估算）和生产成本估算。确定中试工艺流程、配料比、操作步骤、反应影响因素、设备选型、安全防护等。

② 依据流程图和中试工艺进行中试工艺装置的设计，依据工艺设计图进行设备布置，按工艺流程进行设备安装和调试。

③ 在设备完备的情况下，依据小试操作步骤和流程来编制中试工艺规程（试行）和岗位操作规程（试行）。

④ 配合车间人员的操作培训，进行试车。试车的一般原则是先分步进行，考察每步操作和试车情况，然后再综合试车。

⑤ 开始正式试验。正式试验过程中要考察的项目主要有：验证工艺，稳定收率；验证小试所用操作；确定产品精制方法；验证溶剂回收套用等方案；验证工业化特殊操作过程；详细观察各步反应热效应；确定安全性措施。

⑥ 提出工业化生产工艺方案，并确定大生产工艺流程。依据中试提供的数据，可进行工艺过程和设备选型，进行工业化生产设计、安装、试车，正式投入生产。

2.2.3.5　中试放大的研究内容

原料药的中试放大不仅要考查工艺可行性、设备类型、产品质量和经济效益、操作人员的劳动强度、生产周期等，还要对车间布置、安全生产、设备投资、生产成本进行分析比较，最后确定工艺操作方法、工序的划分和生产安排。主要有以下十点，实践中可以根据不同情况，分清主次，有计划有组织地进行。

(1) 工艺路线和单元反应操作方法的最终确定

一般情况下，单元反应的方法和生产工艺路线应在实验室阶段就基本选定。在中试放大阶段，是考核小试提供的合成工艺路线在工艺条件、设备、原材料等方面是否有特殊要求，是否适合于工业生产。但是当选定的工艺路线和工艺过程在中试放大时暴露出难以克服的重大问题时，就需要复审实验室工艺路线，修正其工艺过程。

【例 2-8】　抗癌药物盐酸氮芥：用乙醇精制，所得产品熔程长，杂物多，不能保证产品质量。通过对工艺的分析，其杂质可能是未被氯化的羟基化合物。中试放大时，改变氯化反应条件和提纯方法，先用无水乙醇溶解，再加入非极性溶剂二氯乙烷，使其结晶析出，从而解决了产品质量问题。

【例 2-9】　对乙酰氨基酚中间体对氨基苯酚的制备：小试研究证实，硝基苯电解还原苯胲一步制备对氨基苯酚，收率高，产品质量好，环境污染小，是最适宜工业化生产的方法。但在中试放大的工艺复审中，发现该工艺中铅电极腐蚀严重，电解过程中产生的大量硝基苯蒸气难以排除，电解过程中产生的黑色黏稠状副产物附着在铜网上致使电解电压升高，必须经常拆洗电解槽等，严重影响产品质量、收率，因此目前工业化生产不得不改用催化氢化工艺路线。

(2) 设备材质和型号的选择

实验室研究的大部分试验是在小型的玻璃仪器中进行，玻璃仪器耐酸碱，耐骤冷骤热，热量传导容易，化学反应过程的传质和传热都比较简单。中试以上规模生产一般采用不锈钢或搪瓷反应罐。不锈钢反应设备耐酸碱能力差，反应液过酸过碱可能会产生金属离子，因而需研究金属离子对反应的干扰；而搪瓷反应罐热量传导较慢，且不耐骤冷骤热，加热和冷却时皆应程序升温或降温以避免对反应设备的损坏，这些变化会对反应时间、反应温度等质控参数产生影响，应研究重新确定反应条件，并研究这些变化对反应产物收率、纯度的影响。

开始中试放大时应考虑所需各种设备的材质和型式，按小试对各步单元反应和单元操作的内容所进行的腐蚀性实验和对传热要求，选择各单元反应使用的反应釜的材质。一般来说，反应在酸性介质中进行，应采用防酸材料的搪玻璃反应釜；如果反应在碱性介质中进行，则采用不锈钢反应釜；储存浓盐酸采用玻璃钢储槽，储存浓硫酸采用铸铁储槽，储存浓硝酸采用铝质储槽。

【例 2-10】 冰乙酸或乙酸酐对钢板有强的腐蚀作用，经中试设备材质腐蚀性试验，发现冰乙酸或乙酸酐对铝的作用极微弱，因此，生产中可采用铝质材料制作回流蒸馏管路、冷凝器和生产容器。

有些反应产物不稳定，如果在反应器中停留时间过长，会分解而影响收率和产物的质量。

【例 2-11】 苯胺经重氮化还原制备苯肼的工艺中，若用间歇式反应釜，反应在 $0 \sim 5℃$ 进行。若温度过高，生成的重氮盐将分解而导致其他副反应。如果改用管道化连续反应器，使生成的重氮盐迅速转入下一步反应，反应可以在常温下进行，且收率较高。

对反应釜的加热或冷却剂类型，应根据反应釜或单元操作所需热传导要求进行选择；按放大系数确定相应设备的容量，选定反应釜和各单元操作设备型号。反应釜传热面积应当满足工艺要求，必要时应在反应釜内置列管或蛇管的方式来调整传热面积。

(3) 搅拌器型式和搅拌速度的考察

药物合成反应很多是非均相的，且反应热效应较大。在小试时由于物料体积小，搅拌效果好，传热、传质问题不明显。但在中试放大时，由于搅拌效率的影响，传热、传质问题就显露出来。因此，必须根据物料性质和反应特点，注意搅拌器型式和搅拌速度对反应的影响规律，以便选择合乎要求的搅拌器和确定合适的搅拌速度。正确选择搅拌器型式和速度，不仅能使反应顺利进行，提高收率，而且还有利于安全生产。如果选择不当，不仅产生副反应，降低收率，还可能发生安全事故和生产事故。

【例 2-12】 乙苯的硝化反应是多相反应，在搅拌下将混酸加到乙苯中，混酸与乙苯互不相溶，搅拌效果非常重要，加强搅拌可增加二者接触面积，加速反应。

搅拌器型式选定后，搅拌速度对产品生产的影响要进行实验研究，才能选择最佳搅拌速度，有时会采用变速搅拌。

【例 2-13】 雷尼镍加氢催化反应，多数采用框式搅拌器，转速一般为 60r/min，能均匀推动沉淀在罐底的金属镍翻动，使其充分与还原物接触，从而达到充分还原的目的。

【例 2-14】 环合反应是在液相中进行，而环合在瞬间完成，所以要求搅拌器的转速快，一般在 300r/min 左右，多数采用推进式搅拌器。

【例 2-15】 在抗生素发酵中以采用转速 140r/min 左右的涡轮式搅拌器为宜。由于菌种发酵需要氧气，所以要有较高的转速，使氧气在发酵罐内均匀分布，供菌种发酵需要。

【例 2-16】 妥布霉素发酵则采用变速搅拌。由于妥布霉素产生菌的菌丝细长易断，在早期发酵中，菌丝不易长浓，发酵液泡沫高，发酵水平较低。改用变速搅拌降低转速并控制发酵，改变菌丝生长条件，同时结合合理配方，使妥布霉素发酵水平有较大提高。

【例 2-17】　由儿茶酚与二氯甲烷和固体烧碱在含少量水的二甲基亚砜（DMSO）中，反应合成黄连素中间体胡椒环。中试放大时采用小试时的搅拌速度 180 r/min，因反应过于剧烈而发生冲料。经中试试验考查，将搅拌速度降到 50～60 r/min，并控制反应温度在 90～100℃（小试时 105℃），结果产品的收率超过小试水平，达到 90％以上。

$$\begin{array}{c}\text{OH}\\ \text{OH}\end{array} + CH_2Cl_2 + 2NaOH \xrightarrow{\text{DMSO}} \begin{array}{c}O\\O\end{array}CH_2 + 2NaCl + 2H_2O$$

【例 2-18】　在结晶岗位，晶体不同，对搅拌器型式和转速要求也不同；希望晶体大的，搅拌器采用框式或锚式，转速 20～60r/min；希望晶体小的，搅拌器采用推进式，转速可根据需要来确定。

（4）反应条件的进一步研究

小试实验阶段获得的最佳反应条件不一定完全符合中试放大的要求，为此，中试要验证小试提供的合成工艺路线是否成熟、合理，主要经济技术指标是否接近生产要求。应就其中主要的影响因素，如配料比、反应温度、加料速度、搅拌效果、反应罐的传热面积与传热系数以及制冷剂等因素，进行深入研究，以便掌握其在中试装置中的变化规律，以得到更适用的反应条件。

① 工艺研究中的原辅料过渡试验　在工艺路线考察中，起始阶段常使用试剂规格的原辅材料（原料、试剂、溶剂等），目的是排除原辅材料中所含杂质的不良影响，以保证研究结果的准确性。当工艺路线确定后，在中试考察工艺条件时，应尽量改用生产上足量供应的原辅材料进行过渡试验，考察某些工业规格的原辅材料所含杂质对反应收率和产品质量的影响，制定原辅材料的规格标准，规定各种杂质的最高允许限度。特别是在原辅材料来源改变或规格更换时，必须进行过渡试验并及时制定新的原辅材料规格标准和检验方法。一般情况下应选择质量稳定、可控，来源方便、供应充足的原料。

对溶剂、试剂来说，应选择毒性较低的溶剂、试剂；有机溶剂的选择一般避免使用一类溶剂，控制使用二类溶剂（详见《化学药物残留溶剂研究的技术指导原则》）；同时应对所用试剂、溶剂的毒性进行说明，这样有利于在生产过程中进行控制，也有利于劳动保护。

② 反应条件试验　经过详细的工艺研究，可以找到最适宜的工艺条件，如配料比、温度、酸碱度、反应时间、溶剂等，它们往往不是单一的点，而是一个许可范围。有些尖顶型化学反应对工艺条件要求很严，超过某一极限后，就会造成重大损失，甚至发生安全事故。在这种情况下，应该进行工艺条件的极限试验，有意识地安排一些破坏性试验，以便更全面地掌握该反应的规律，为确保生产安全提供必要的数据。如氯霉素的生产中，乙苯的硝化和对硝基乙苯的空气氧化等工艺都是尖顶型化学反应，因此，对催化剂、温度、配料比和加料速度等都必须进行极限试验。

有些反应的配料比、反应温度，由于小试仪器设备的限制，有时工艺会比较复杂，中试设备的变化，应对小试最佳工艺进一步探索，取得中试最适宜的工艺条件。

③ 反应后处理工艺的进一步研究　化学反应结束后一直到取得本步反应产物的整个过程，称为反应的后处理，包括反应混合物中目的物分离和母液的处理等。后处理化学过程较少（如中和等），而多数为化工单元操作过程，如分离、提取、蒸馏、结晶、过滤以及干燥等。

在合成药物生产中，后处理的步骤与母液的套用非常重要，而且较为麻烦。因此，做好反应的后处理对于提高反应产物的收率，保证药品质量，减轻劳动强度和提高劳动生产率都有着非常重要的意义。

【例 2-19】 对氨基酚与冰乙酸进行酰化反应制得对乙酰氨基酚，工业生产中采用酰化母液套用的方法，先将 51.2% 稀乙酸、母液（含乙酸 50.1%）和对氨基酚混合进行酰化反应，后加入冰乙酸使反应完全，收率 83%~85%，显著降低冰乙酸的单耗，降低对乙酰氨基酚的成本。

后处理的方法随反应的性质不同而异。首先，应摸清反应产物系统中可能存在的物质的种类、组成和数量等（可通过反应产物的分离和分析化验加以解决），找出它们性质之间的差异，尤其是主产物或反应目的物与其他物质相区别的特性。然后，通过小试实验拟定反应产物的后处理方法，在中试研究与制定后处理方法时，必须考虑简化工艺操作的可能性，并尽量采用新工艺、新技术和新设备，以提高劳动生产率，降低成本。

后处理中的精制、结晶、分离、干燥等单元操作设备应能满足工艺要求，使得到的中间体、产品能符合相应的质量标准。对产品晶型有要求的产品，对中试时产品精制结晶工序的搅拌型式、温度控制、结晶速率，甚至结晶釜底的几何形状都应进行研究与验证，以确保中试产品的晶型与小试样品和质量标准一致。

对含结晶水或结晶溶剂的化学原料药，对中试时中间体、产品的干燥方式及与干燥相关的工艺参数（干燥温度、时间、干燥设备内部温度均匀性）进行研究与验证，以确保中试产品所含结晶水或溶剂残留与小试样品和质量标准一致。

(5) 工艺流程和操作方法的确定

在中试放大阶段由于处理物料增加，因此要进一步考核和完善工艺路线，对每一反应步骤和单元操作均应取得基本稳定的数据，使反应与后处理的操作方法适应工业生产的要求，要注意缩短工序、简化操作，从加料方法、物料分离和输送等方面考虑，提高劳动生产率，从而最终确定生产工艺流程和操作方法。

通过中试，应掌握各步反应在中试的各工艺参数下收率、质量的变化规律，修订并确定在中试设备条件下各步反应最佳工艺参数的适用范围，必要时修正或调整相关的工艺规程，观察各单元操作中副反应及有关物质的变化情况。

中试设备、工艺过程及工艺参数确定之后，就可以进行 3~5 批中试稳定性试验，进一步验证该工艺在选定的设备和工艺条件下的可行性和重现性。最终确定各步反应的工艺控制参数，证明该工艺在中试条件下可以始终如一地生产出符合质量标准和质量特性的产品。通过验证，可以确定各单元反应及操作的主要设备、操作条件和工艺参数，确定各设备之间的连接顺序及所需的载体介质的流向等，可以绘制用示意图的形式表示生产过程中各物料和设备的流向、衔接关系，定性地表示出由原料变成产品的工艺路线和程序，并图示反应釜的搅拌类型等的工艺流程图（设备流程图）。

(6) 进行物料衡算

当各步反应条件和操作方法确定后，就应该对 3~5 批稳定性试验数据，每批按每个单元反应或每个设备体系进行物料衡算。反应产品和其他产物的重量总和等于反应前各个物料投量的总和是物料衡算必须达到的精确程度。对物料平衡中出现的不平衡做出合理解释，为解决薄弱环节、挖潜节能、提高效率、回收副产物并综合利用以及防治三废提供数据。物料平衡计算方法见 2.2.3.6 节。

(7) 原辅材料、中间体的质量控制

① 原辅材料、中间体的物理性质和化工常数的测定　为了解决生产工艺和安全措施中的问题，必须测定某些物料与中间体的性质和化工常数，如熔点、沸点、比旋度、溶解性、比热容、黏度、爆炸极限等。如 N,N-二甲基甲酰胺（DMF）与强氧化剂以一定比例混合时

可引起爆炸，必须在中试放大前和中试放大时详细考查 DMF 的物理性质和安全防护数据。

② 原辅材料、中间体质量标准的制定 药品 GMP 规定，无任何标准的物料不得用于原料药生产，质量管理部门应制定和修订物料、中间产品和产品的内控标准和检验操作规程，应制定取样和留样制度。因此，应根据中试研究的结果制定或修订原辅材料、中间体和成品的质量标准，以及分析检验方法。

制备过程中所用的原料及试剂、制备中间体及副反应产物以及有机溶剂等直接关系到终产品的质量以及工艺路线的稳定，也可以为质量研究提供有关的杂质信息，同时也涉及工业生产中的劳动保护问题。

在药物的制备工艺中，工业原料、试剂和溶剂杂质相对较多，对由原料引入的杂质、异构体，必要时应进行相关的研究并提供质量控制方法；对具有手性中心的原料，应制定作为杂质的对映异构体或非对映异构体的限度，同时应对该起始原料在制备过程中可能引入的杂质有一定的了解。若在反应过程中无法将杂质去除或者其参与了副反应，对终产品的质量有一定的影响，需要制定相应的内控标准对其进行控制。同时还应注意在中试放大过程中原料和重要试剂规格的改变对产品质量的影响，要保证同一原料不同来源时质量的一致性。一般来说内控标准应重点考虑以下几个方面。

a. 对名称、化学结构、理化性质要有清楚的描述。

b. 要有具体的来源，包括生产厂家和简单的制备工艺。

c. 提供证明其含量的数据，对所含杂质情况（包含有毒溶剂）进行定量或定性的描述。

d. 如果需要采用原料或试剂进行特殊反应，对其质量应有特别的要求，如对于必须在干燥条件下进行的反应，需要对起始原料或试剂中的水分含量进行严格的要求和控制；若起始原料为手性化合物，需要对对映异构体或非对映异构体的限度有一定的要求。

e. 对于不符合内控标准的原料或试剂，应对其精制方法进行研究，这样有利于对工艺和终产品的质量进行控制。通常，在工艺路线稳定的条件下，所采用的原料、试剂的质量也应相对稳定。

【例 2-20】 磺胺异噁啶的中间体 4-氨基-2，6-二甲基嘧啶的制备。可由乙腈在氨基钠存在下缩合而得，其中氨基钠的用量很少。

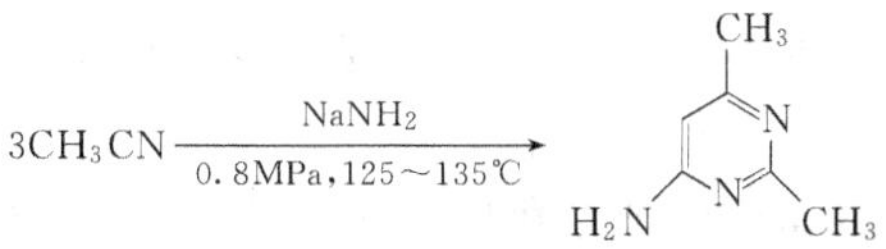

$$3CH_3CN \xrightarrow[0.8MPa, 125\sim135℃]{NaNH_2} \text{（4-氨基-2,6-二甲基嘧啶）}$$

若原料乙腈含有 0.5% 水分，缩合收率很低。采用多次精馏乙腈，收效甚微。最后查明，乙腈由乙酸铵热解制得，其中间产物为乙酰胺，可引起氨基钠的分解，工业级乙腈中存在少量的乙酰胺，精馏方法不能除去，用氯化钙溶液洗涤，可除去乙酰胺，解决该问题。在原料乙腈的质量标准中应规定杂质乙酰胺的含量及对微量乙酰胺去除的方法。

③ 中间体质量可控性的回顾 在原料药制备研究的过程中，中间体的研究和质量控制是不可缺少的部分，其结果对原料药制备工艺的稳定具有重要意义，也可以为原料药的质量研究提供重要信息，同时也可以为结构确证研究提供重要依据，对中间体结构进行确证，可以为终产品的结构确证起辅助作用。因此，在中试过程中，应对中试各个阶段出现的中间体或产品的有关物质、含量、晶型、溶剂残留等质量波动情况进行分析和总结，列出每个单元反应或单元操作中影响质量状况的关键工艺参数；设定每个单元反应或单元操作的质量控制点，并按中试实际情况调整中间体或产品的质量控制方法。

(8) 安全生产与"三废"防治措施的研究

小试时由于物料量少，对安全及"三废"问题只能提一些设想，但到中试阶段，物料处理量增大，安全生产与"三废"问题就显得很重要。

在原料药制备研究的过程中，"三废"的处理应符合国家对环境保护的要求，在中试工艺研究中需考虑工艺过程中产生的"三废"排放量，结合生产工艺制定合理的"三废"处理方案，对剧毒、易燃、易爆的废弃物应提出具体的处理方法。

对生产中使用的剧毒、易燃、易爆的危险原辅料应根据其危险特性，制定危险原辅料的运输、储存和使用安全技术措施，制定安全生产和劳动保护措施。

（9）消耗定额、原材料成本、操作工时与生产周期等的确定

根据原材料、动力消耗和工时等，初步进行各中间体、产品技术经济指标的计算和分析，按每步反应的收率及物料衡算表计算出每步反应的原材料消耗定额，按消耗定额对工艺水平的高低、耗材的合理性及存在的问题进行评估。

（10）工艺的综合分析

在原料药制备中试研究的过程中，工艺的综合分析也是一个重要的方面，通过综合分析可以对整个工艺的利弊有一个明确的认识，同时也有利于药品评价工作。通过对原料药的制备工艺，从工艺路线、反应条件、产品质量、经济效益、环境保护、劳动保护等方面进行综合评价，做出中试研究总结报告，在此基础上，提出整个合成路线的工艺流程，拟定中试工艺规程和各个单元操作的标准操作规程，安全操作要求及制度。

2.2.3.6　反应过程中的物料平衡计算

物料衡算是化工计算最基本，也是最重要的内容之一，是"三废"处理的依据之一，也是能量衡算的基础。通过物料衡算，可深入分析生产过程，对生产全过程有定量了解，就可以知道原料消耗定额，揭示物料利用情况；了解产品收率是否达到最佳数值，设备生产能力还有多大潜力；各设备生产能力是否平衡等。据此，可采取有效措施，进一步改进生产工艺，提高产品的产率和产量。另外，物料衡算也是设计工作中一个十分重要的环节，只有在物料衡算的基础上才能确定设备的大小和个数等。

物料衡算反映了生产过程的实际情况和完善程度，如果对一个生产过程的物料衡算做得很完善，就表示对这个生产过程的了解比较深入。反之，如果对一个生产过程研究得还不够，就无法进行正确的物料衡算，因而也就很难进一步改进生产。

（1）物料衡算的理论基础

通常，物料衡算有两种情况：一种是对已有的生产设备和装置，利用实际测定的数据，计算出另一些不能直接测定的物料量，利用计算结果，可对生产情况进行分析，做出判断，提出改进措施；另一种是为了设计一种新的设备或装置，根据设计任务，先作物料衡算，求出每个主要设备进出的物料量，然后再作能量衡算，求出设备或过程的热负荷，从而确定设备尺寸及整个工艺流程。

物料衡算是研究某一个体系内进、出物料及组成的变化，即物料平衡。所谓体系就是物料衡算的范围，它可以根据实际需要，人为地选定。体系可以是一个设备或几个设备，也可以是一个单元操作或整个化工过程。

进行物料衡算时，必须首先确定衡算的体系。

物料衡算的理论基础是质量守恒定律，根据这个定律可得到物料衡算的基本关系式为：

进入反应器的物料量－流出反应器的物料量－反应器中的转化量＝反应器中的积累量

在化学反应系统中，物质的转化服从化学反应规律，可以根据化学反应方程式（主反应和副反应）求出物质转化的定量关系。进行物料衡算时，必须选择一定的基准为计算的基

础，通常采用的基准有以下三种。

① 以每批操作为基础。适用于间歇式操作设备、标准或定型设备的物料衡算。

② 以单位时间为基准。适用于连续式操作设备的物料衡算。

③ 以每吨产品为基准。适用于确定原料的消耗定额。

在大型的设计计算中的物料衡算，要确定每年设备操作时间，车间每年设备正常开工生产的天数（称年工作日，一般为 330 天，其中余下的 35 天作为车间检修时间）。对于工艺技术尚未成熟或腐蚀性大的车间一般采用 300 天或更少一些时间（如 270 天）计算。连续式操作设备也有按每年 7000～8000h 为设计计算的基础。如果设备腐蚀严重或在催化反应中催化剂活化时间较长，寿命较短，所需停工时间较多的，则应根据具体情况决定每年设备工作时间。

（2）物料衡算的有关数据

① 收集有关计算数据　为了进行物料衡算，应根据药厂操作记录和中间试验数据收集下列各项数据：反应物的配料比；各种物料（原料、半成品、成品、副产品）的浓度、纯度和组成；阶段收率和车间总收率；转化率和选择性等。

② 转化率　对某一组分来说，反应产物所消耗掉的物料量与投入反应物料量之比简称该组分的转化率，一般以百分数表示。若用符号 X_A 表示组分的转化率，则得：

$$X_A = \frac{\text{反应消耗 A 组分的量}}{\text{投入反应 A 组分的量}} \times 100\%$$

③ 收率　某主要产物实际收得的量与投入原料计算的理论产量之比值，也以百分数表示。若用符号 Y 表示，则得：

$$Y = \frac{\text{产物实际得量}}{\text{按某一主要原料计算的理论产量}} \times 100\%$$

或

$$Y = \frac{\text{产物收得量折算成原料量}}{\text{原料投入量}} \times 100\%$$

收率一般要说明是按哪一种主要原料计算的。

④ 选择性　选择性是指某一反应物转化为目标产物时，理论上消耗的物质的量（mol）占该反应物在反应中实际消耗掉的总物质的量（mol）的百分比。用符号 Z 表示，则得：

$$Z = \frac{\text{主反应生产量折算成原料量}}{\text{反应掉原料量}} \times 100\%$$

转化率、选择性和理论收率三者之间的关系为：$Y = XZ$。

【例 2-21】　100mol 苯胺在用浓硫酸进行烘焙磺化时，产物中含有 87 mol 对氨基苯磺酸、2mol 未反应的苯胺以及一定量的焦油。求苯胺的转化率，以及生成对氨基苯磺酸的选择性和理论收率。

解　苯胺的烘焙磺化反应式为

苯胺转化率为　$X = \dfrac{\text{反应消耗 A 组分的量}}{\text{投入反应 A 组分的量}} \times 100\% = \dfrac{100-2}{100} \times 100\% = 98\%$

生成对氨基苯磺酸的选择性为　$Z = \dfrac{\text{主反应产量折算成原料量}}{\text{反应掉原料量}} \times 100\%$

$$=\frac{\frac{1}{1}\times 87}{100-2}\times 100\%=88.78\%$$

生成对氨基苯磺酸的理论收率为　$Y=\dfrac{产物实际得量}{按某一主要原料计算的理论产量}\times 100\%$

$$=\frac{\frac{1}{1}\times 87}{100}\times 100\%=87\%$$

或　　　　　　　　$Y=XZ=98\%\times 88.78\%=87\%$

实际测得的转化率、收率和选择性等数据就作为设计工业反应器的依据。这些数据是作为评价这套生产装置效果优劣的重要指标。

⑤ 车间总收率　通常，生产一个化学合成药物都是由各物理及化学反应工序组成。各种工序都有一定的收率，车间总收率与各工序收率的关系为：

$$Y=Y_1Y_2Y_3Y_4\cdots$$

在计算收率时，必须注意质量的监控，即对各工序中间体和药品纯度要有质量分析数据。

【例 2-22】　三甲氧苄氨嘧啶生产中，有甲基化反应工序（甲基化反应制备三甲氧苯甲酸）$Y_1=83.1\%$；SGC 酯化反应工序（酯化反应制备三甲氧苯甲酸甲酯）$Y_2=91.0\%$；肼化反应工序（肼化反应制备三甲氧苯甲酰肼）$Y_3=86.0\%$；氧化反应工序（应用高铁氰化钾制备三甲苯氧苯甲酸）$Y_4=76.5\%$；缩合反应工序（与甲氧丙腈缩合制备三甲氧苯甲醚丙烯腈）$Y_5=78.0\%$；环合反应工序（环合反应合成三甲氧苄氨嘧啶）$Y_6=78.0\%$；精制 $Y_7=91.0\%$。求车间总收率。

$$Y=Y_1Y_2Y_3Y_4Y_5Y_6Y_7=83.1\%\times 91.0\%\times 86.0\%\times 76.5\%\times 78.0\%\times 78.0\%\times 91.0\%$$
$$=27.56\%$$

⑥ 原料消耗定额　原料消耗定额是指生产 1t 产品需要消耗各种原料的质量（t 或 kg）。对于主要反应物来说，它实际上就是质量收率的倒数。

【例 2-23】　100kg 苯胺（纯度为 99%，相对分子质量 93）经磺化和精制后制得 217 kg 对氨基苯磺酸钠（纯度为 97%，相对分子质量 213.2），求以苯胺计的对氨基苯磺酸钠的理论收率和苯胺的消耗定额。

解　对氨基苯磺酸钠的理论收率为　$Y=\dfrac{\frac{217\times 97\%}{213.2}}{\frac{100\times 99\%}{93}}\times 100\%=85.6\%$

每生产 1t 对氨基苯磺酸钠，苯胺的消耗定额是 $\dfrac{100}{217}=0.461$（t）$=461$(kg)

⑦ 单程转化率和总转化率　有些生产过程，主要反应物每次经过反应器后的转化率并不太高，有时甚至很低，但是未反应的主要反应物大部分可经过分离回收，并可循环使用，这时要将转化率分为单程转化率和总转化率。单程转化率（one pass conversion）是指反应物一次经过反应器所消耗的物质的量占输入反应物物质的量的百分比，而总转化率（overall conversion）则是指反应物经过全过程后消耗的物质的量占输入反应物物质的量的百分比。

【例 2-24】　在苯氯化制氯苯时，为了减少副产物二氯苯的生成量，使氯为限制反应物。每 100mol 苯用 40mol 氯进行反应。产物中含氯苯 38mol，二氯苯 1mol，还有未反应的苯 61mol，经分离可回收苯 60mol，损失苯 1mol。如图 2-8 所示。求苯的单程转化率、总转化率，氯苯的选择性、总收率。

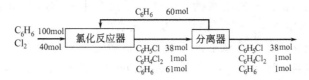

图 2-8　苯氯化流程图

解　苯一次经过反应器时的单程转化率为　$X_单 = \dfrac{100-61}{100} \times 100\% = 39\%$

苯的总转化率为　$X_总 = \dfrac{100-61}{100-60} \times 100\% = 97.5\%$

生成氯苯的选择性　$Z = \dfrac{38}{100-61} \times 100\% = 97.44\%$

生成氯苯总收率　$Y = \dfrac{38}{100-60} \times 100\% = 95\%$

或　$Y = 97.5\% \times 97.44\% = 95\%$

由［例 2-24］可知，对于某些反应，主反应物的单程转化率可以很低，但总转化率和总收率可以很高。

（3）物料衡算的步骤

① 收集和计算所必需的基本数据。

② 列出化学反应方程式，包括主反应和副反应；根据综合条件画出流程简图。

③ 选择物料计算的基准。

④ 进行物料衡算。

⑤ 列出物料平衡表：a. 输入与输出的物料平衡表；b. "三废"排量表；c. 计算原辅材料消耗定额（kg）。

（4）物料衡算的实例

在化学制药工艺中，特别需要注意成品的质量标准、原辅材料的质量和规格、各工序中间体的化验方法和监控、回收品处理等，这些都是影响物料衡算的因素。实际生产操作过程中包括物理过程、化学过程（间隙操作和连续式操作）、化学平衡过程等物料平衡计算。下面分别举例说明。

① 物理过程的物料衡算　在物理过程中，化学转化量为零。该过程包括物料的混合、萃取、蒸馏、过滤等，该过程的物料衡算可根据质量守恒定律进行。

【例 2-25】　硝化混酸配制过程的物料衡算。

已知混酸的组成为：$H_2SO_4 : HNO_3 : H_2O = 46 : 46 : 8$，配制混酸用的原料为工业硫酸（98%）、硝酸（97%）、含 H_2SO_4 为 69% 的硝化废酸。求配制 1000kg 混酸时各原料的用量。设混酸配制过程中无机械损失，产率为 100%，并假设原料中除水外其他杂质可忽略。

解　设 G_N 为硝酸（97%）的用量（kg），G_S 为工业硫酸（98%）的用量（kg），G_u 为废酸（69%）的用量（kg），则有

HNO_3 的物料平衡　$0.97G_N = 1000 \times 46\%$

H_2SO_4 的物料平衡　$0.98G_S + 0.69G_u = 1000 \times 46\%$

H_2O 的物料平衡　$0.02G_S + 0.03G_N + 0.31G_u = 1000 \times 8\%$

联立解上述各式，得　$G_N = 474.2kg$，$G_S = 335.2kg$，$G_u = 190.6kg$

即需要97%硝酸474.2kg，98%硫酸335.2kg，69%废酸190.6kg。

② 化学过程（间隙操作）的物料衡算 在化学反应中有物质的变化，所以在质量守恒定律中要考虑物质的变化量，一般可由化学反应式求出。

【例 2-26】 萘磺化制备 2-萘磺酸的反应中，萘磺化为间隙操作。已知每批操作的投料量为：精萘 1600L（纯度 98.4%，密度 963kg/m³），浓硫酸 690L（纯度 98%，密度 1840kg/m³）。磺化产物组成为：1-萘磺酸 8%，2-萘磺酸 71%，游离硫酸 7%，游离萘 5.5%。在磺化过程中有 1.8%（质量分数）的物料转化为蒸气排出。假定原料中除水以外无其他杂质，要求对此全过程进行物料衡算。

解 物料衡算基准选择为一批操作。输入及输出过程为

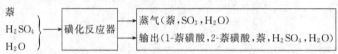

a. 进料衡算

加入精萘数(kg) $1600 \times \dfrac{963}{1000} = 1540$(kg)

其中萘为 $1540 \times 98.4\% = 1515$(kg)；水为 $1540 - 1515 = 25$(kg)

加入浓硫酸数(kg) $690 \times \dfrac{1840}{1000} = 1270$(kg)

其中 H_2SO_4 为 $1270 \times 98\% = 1245$(kg)；水为 $1270 - 1245 = 25$(kg)

b. 出料衡算（产物）

排出的蒸气物料量为 $2810 \times 1.8\% = 50$(kg)（组成待下面进行计算）

液相磺化产物总质量为 $2810 - 50 = 2760$(kg)

由于其中各物质的含量已知，所以

1-萘磺酸 $2760 \times 8\% = 221$(kg)

2-萘磺酸 $2760 \times 71\% = 1960$(kg)

萘 $2760 \times 5.5\% = 152$(kg)

H_2SO_4 $2760 \times 7\% = 193$(kg)

H_2O $2760 \times (1 - 71\% - 8\% - 7\% - 5.5\%) = 2760 \times 8.5\% = 234$(kg)

c. 反应消耗量（化学过程）

主反应

相对分子质量 128 98 208 18

副反应

因为反应过程中生成的 1-萘磺酸和 2-萘磺酸量为 $1960 + 221 = 2181$(kg)

所以反应过程消耗的萘量为 $2181 \times \dfrac{128}{208} = 1342$(kg)

消耗的 H_2SO_4 量为 $2181 \times \dfrac{98}{208} = 1028$(kg)

生成的 H_2O 量为 $2181 \times \dfrac{18}{208} = 189$(kg)

d. 蒸气物料的组成

令蒸气物料中含萘为 $x$kg，含 SO_3 为 $y$kg，含 H_2O 为 $z$kg，则

$$x+y+z=2810 \times 1.8\%=50(kg)$$

因为萘的加入量 1515kg，反应消耗量 1342kg，磺化反应带出量 152kg，所以

$$x=1515-1342-152=21(kg)$$

因为加入硫酸 1254 kg，反应消耗硫酸 1028 kg，磺化产物带出硫酸 193 kg，所以

$$y=(1245-1082-193) \times \frac{80}{98}=19.6(kg)$$

由蒸气的总量，知 $z=50-x-y=50-21-19.6=9.4(kg)$

所以，气体排出物中各组分的百分比为

萘：$\frac{21}{50} \times 100\%=42\%$ SO_3：$\frac{19.6}{50} \times 100\%=39\%$ H_2O：$1-42\%-39\%=19\%$

计算结果列于表 2-8 中。

表 2-8 物料衡算结果

	物料名称	工业品量/kg	纯度/%		纯品量/kg	密度/(kg/m³)	体积/L
输入	精萘	1540	98.4	萘 1515		963	1600
				水 25			
	浓硫酸	1270	98	硫酸 1245		1840	690
				水 25			
	合计	2810			2810		2290
输出	磺化液	2760	1-萘磺酸 8		221		
			2-萘磺酸 71		1960		
			硫酸 7		193		
			萘 5.5		152		
			水 8.5		234		
	气体	50	萘 42		21		
			SO_3 39		19.6		
			水 19		9.4		
	合计	2810			2810		

③ 化学过程（连续式操作）的物料衡算

【例 2-27】 以每年产 300t 的安替比林（相对分子质量 188）为例，试做出重氮化过程（苯胺重氮化是整个生产工序的第一工序）的物料衡算。

设已知自苯胺开始的总收率为 58.42%，重氮化过程在管道内进行，$C_6H_5N_2Cl$ 因分解及机械损失占生成量的 4%。苯胺、亚硝酸钠、盐酸的浓度分别为 98%、95.9%、30%，亚硝酸钠配成 27% 水溶液投入。

主反应　　　$C_6H_5NH_2+2HCl+NaNO_2 \longrightarrow C_6H_5N_2Cl+NaCl+2H_2O$
相对分子质量　　93　　2×36.5　69　　　　140.5　　58.5　2×18
配料比　　　　　1　：　2.32　：1.026
副反应　　　　　　　　$HCl+NaNO_2 \longrightarrow NaCl+HNO_2$

解　根据已定的生产能力，每年以 300 个工作日计，则每昼夜的生产任务为 1t 安替比林。然后根据总收率推算出苯胺每天的投料量。

主反应　　　$C_6H_5NH_2+2HCl+NaNO_2 \longrightarrow C_6H_5N_2Cl+NaCl+2H_2O$
相对分子质量　　93　　2×36.5　69　　　　140.5　　58.5　2×18
配料比　　　　　1　：　2.32　：1.026
投料量　　　　847　　X_1　　X_2　　　　X_3　　X_4　　X_5

纯苯胺每天的耗量 $\dfrac{1000\times93}{188\times0.5842}=846.8$(kg)   （188 为安替比林的相对分子质量）

粗苯胺每天的耗量 $\dfrac{846.8}{0.98}=864.1$(kg)

根据反应式：

$$X_1=\frac{846.8\times2\times36.5}{93}=664.7\text{(kg)}$$

$$X_2=\frac{846.8\times69}{93}=628.3\text{(kg)}$$

$$X_3=\frac{846.8\times140.5}{93}=1279.3\text{(kg)}$$

$$X_4=\frac{846.8\times58.5}{93}=532.7\text{(kg)}$$

$$X_5=\frac{846.8\times2\times18}{93}=327.8\text{(kg)}$$

实际投料量：

HCl 的用量 $\dfrac{846.8\times2.32\times36.5}{93}=771.0$(kg)

30% HCl 的用量 $\dfrac{771.0}{0.3}=2570.0$(kg)

其中水量 $2570.0-771.0=1799.0$(kg)

过量 HCl $771.0-664.7=106.3$(kg)

$NaNO_2$ 的用量 $\dfrac{846.8\times1.026\times69}{93}=644.6$(kg)

粗 $NaNO_2$(95.9%) 的用量 $\dfrac{644.6}{95.9\%}=672.2$(kg)

粗 $NaNO_2$ 中杂质 $672.2-644.6=27.6$(kg)

配成 27% $NaNO_2$ 溶液的量 $\dfrac{644.6}{0.27}=2387.4$(kg)

其中水量 $2387.4-672.2=1715.2$(kg)

过量 $NaNO_2$ $644.6-628.3=16.3$(kg)

$C_6H_5N_2Cl$ 因分解及机械损失占生成量的 4%，则 $C_6H_5N_2Cl$ 损失量$=1279.3\times0.04=51.2$(kg)

$C_6H_5N_2Cl$ 实际生成量$=1279.3-51.2=1228.1$(kg)

副反应 $HCl+NaNO_2\longrightarrow NaCl+HNO_2$

相对分子质量	36.5	69	58.5	47
投料量	Y_1	16.3	Y_2	Y_3

根据反应式：

$$Y_1=\frac{16.3\times36.5}{69}=8.6\text{(kg)}$$

$$Y_2=\frac{16.3\times58.5}{69}=13.8\text{(kg)}$$

$$Y_3=\frac{16.3\times47}{69}=11.1\text{(kg)}$$

反应后剩下的 100% HCl＝106.3－8.6＝97.7（kg）

计算结果列于表 2-9 中。

表 2-9 物料衡算结果

	物料名称	工业品量/kg	纯度/%	纯品量/kg		密度/(kg/m³)	体积/m³
输入	苯胺	864.1	98	苯胺	846.8	1.026	842.2
				杂质	17.3		
	亚硝酸钠	672.2	95.9	NaNO₂	644.6	2.168	310.0
				杂质	27.6		
	盐酸	2570.0	30	HCl	771.0	1.149	2236.7
				水	1799.0		
	水	1715.2		水	1715.2	1.000	1715.2
	合计	5821.5					5104.1
输出	重氮盐	1279.3		1228.1			
	氯化钠	532.7＋13.8		546.5			
	水	327.8＋1799.0＋1715.2		3842.0			
	亚硝酸	11.1		11.1			
	过量 HCl	97.7		97.7			
	杂质	51.2＋17.3＋27.6		96.1			
	合计	5821.5		5821.5			

2.3 生产工艺规程与岗位标准操作规程

中试放大研究结束，获得药品注册批准后，就可以在中试研究总结报告的基础上进行工业生产设计、施工、设备安装调试，按照中试条件进行试生产。试生产稳定后，应当根据工艺验证和原料药制备路线、反应条件、工艺流程图、化学原料的来源及质量标准、中间体、产品的精制及质量控制方法等结果制定生产工艺规程、岗位操作法或标准操作规程，进入实施生产。

《药品生产质量管理规范》（GMP）（1998 年修订）也明确规定了药品生产必须制定生产工艺规程、岗位操作法或标准操作规程，并在生产过程中严格按照这些规程进行生产，严格进行生产全过程的质量控制。

2.3.1 生产工艺规程

生产工艺规程是药品生产和质量控制中最重要的文件，是规定生产所需要原料和包装材料等的数量、质量，以及工艺、加工说明、注意事项、生产过程控制的一个或一套文件，是企业组织和指导生产的重要依据，也是技术管理工作的基础。制定工艺规程的目的是为生产各部门提供一个共同遵守的技术准则，以保证每一药品在整个有效期内都能保持预定设计的质量。

GMP 规定，生产工艺规程的内容应包括：品名，剂型，处方，生产工艺的操作要求，物料、中间产品、成品的质量标准和技术参数及储存注意事项，物料平衡的计算方法，成品容器、包装材料的要求等。一般原料药生产工艺规程由以下几部分组成。

2.3.1.1 封面与首页

封面上应明确本工艺规程是某一产品或某一剂型的生产工艺规程，生产文件编号，明确编制人、审核人、批准人签字及日期，明确批准执行日期和分发部门。

2.3.1.2 目录

生产工艺规程可分若干单元，每一单元可细分，因此，目录中应注明单元标题及所在页码。

2.3.1.3 正文

正文是生产工艺规程的核心部分，应根据本企业的产品和药品 GMP 的要求来制定原料药生产工艺规程。原料药生产工艺规程正文主要内容如下。

(1) 产品概述

介绍产品名称、化学结构、理化性质，药品质量标准、临床用途和包装规格与要求等。

① 名称　分别列出药品法定通用名（中国药典或国家标准中的名称）、化学名称、拼音名和英文名称。如有商品名、俗名、别名，也应注明。

② 化学结构式、分子式、分子量　以最新版中国药典或国家标准标明的药品化学结构式、分子式、分子量为准。

③ 理化性质　以最新版中国药典或国家标准中的"性状"项下内容为准，包括药品的性状、稳定性、溶解度等。

④ 药品质量标准　质量标准指生产执行的国家标准、出口标准、企业内控标准等系列标准；注明国家标准名称及产品标准所在页码、出口标准来源和企业内控标准的编号。

⑤ 药理作用和临床用途　按最新版中国药典和《临床用药须知》中注明的内容制定。

⑥ 包装规格要求与储藏条件　注明成品的包装规格（kg/袋或 kg/桶等）、外包装材料、内衬材料。按药典规定的储藏要求书写储藏条件，如密闭、防潮、防热、避光等。

(2) 原辅料、包装材料规格、质量标准

用表格的形式注明化学原料和试剂的编号、名称、规格、质量标准编号及主要质量指标项目（如外观、含量和水分等）；注明包装材料的名称、材质、形状、规格及质量标准编号。对特殊要求的原料应注明生产厂家。

(3) 化学反应过程（包括副反应）及生产流程图（工艺及设备流程）

① 化学反应过程　按化学合成或生物合成，分工序写出主反应、副反应、辅助反应（如催化剂的制备、副产物处理、回收套用等）的反应方程式及其反应原理，标明反应物和产物的中文名称和分子量。化学反应式应平衡，反应式下标出原料和产物的名称，标明分子量。

② 工艺流程简易图　以生产工艺过程中的化学反应为中心，用图解形式把物料、反应、后处理等化学和物理过程加以描述，形成工艺流程简易图。

工艺流程简易图可以分工序分别绘制，也可以将整个药品生产过程绘制一个工艺流程简易图。

工艺流程简易图的画法，可以用方框表示物料，圆框表示单元反应和物理过程，箭头表示物料的流向，并用文字说明。也可以用圆框表示物料，方框表示单元反应和物理过程。但要注意整个工艺过程中的绘图表述要统一，不能随意变换。

③ 设备流程图　按工序顺序，用设备示意图的形式来表示生产过程中各设备的衔接关系，即构成设备流程图。设备之间的相对比例和垂直位置应接近实际，用实线箭头表示物料走向，同工序的多套设备只画一套即可。

(4) 生产工艺过程

① 原料配比　投料质量比和摩尔比。如投料量需折纯，则应注明折纯计算公式。

② 主要工艺条件及详细操作过程　写出所有工序的详细工艺过程，包括反应液配制、

反应、后处理、回收、精制和干燥等过程的操作步骤。操作步骤中要有量的表示，如投料量、温度、pH 值、时间等。要涉及所有原料、溶剂、产物和副产物的走向。

③ 重点工艺控制点　对工艺过程中会影响产品质量的关键步骤如加料速度、反应温度、减压蒸馏时的真空度等设控制点，制定控制的项目，检查的频次和允许的控制参数波动范围，执行的标准等。

④ 异常现象的处理和有关注意事项　针对生产工艺中可能出现的如突然停水、停电、停汽，管路泄漏，产品质量欠佳等异常现象，制定相应的防范措施和处理方法。

(5) 中间体和半成品质量标准和检验方法

按岗位将中间体和半成品的名称、质量标准编号、质量控制项目（如外观、熔点、旋光度、含量等）、检验操作规程编号、主要检验方法名称（如气相法）以及注意事项等内容列表，同时规定可能存在的杂质含量限度。

(6) 技术安全与防火（包括劳动保护、环境卫生）

① 安全防火防毒制度和工艺卫生、劳动保护制度　生产工艺中涉及的有腐蚀性、刺激性和有毒原料易造成慢性中毒，损害操作人员身体健康，易燃、易爆原料极易酿成火灾和爆炸，应制定相应的安全防火防毒制度和技术措施，明确车间和岗位的防爆级别，以督促操作人员和进入车间人员自觉遵守。内容包括防毒、防化学烧伤、化学刺激或防辐射危害措施，防火、防爆安全技术措施，用电安全措施以及工艺卫生及劳动保护制度等。

② 危险化学品的防护与救治　按岗位，列出危险原辅材料、中间体的名称，危险理化性质，危害性、防护措施、急救与治疗方法。

有毒物料应有毒性介绍：防护措施、车间允许的有毒物料最高浓度、中毒症状、中毒及化学灼伤的现场救护、有毒物料发生泄漏的现场处理方法等。

易燃、易爆原料应有危险特征介绍：危险级别、分类、熔点、沸点、闪点、自燃点、爆炸极限、与其他物料的相互作用等，注明各种物料、电器设备及静电着火的灭火方法和必备的灭火器材。

(7) 综合利用与"三废"治理

按生产岗位列表说明副产物的名称、日产出量、含量、回收处理方法、回收率等。

列表说明回收中间体和半成品的处理，注明生产岗位、回收品名称、主要成分及含量、日回收量和处理方法等。

按生产岗位列表说明废弃物的名称及主要成分、日排放量、排放系数、COD 浓度、处理方法和岗位排放标准等。

处理方法只需标明相应标准操作规程的编号和处理方法名称即可。

(8) 操作工时与生产周期

列表表示岗位的操作单元和生产周期，可以分开列，也可以列总表。

操作工时内容包括工段名称、设备名称、操作单元名称、工艺操作时间、辅助操作时间、工段总操作时间。

生产周期内容包括工段名称、工段操作时间、检验时间和产品生产总周期。

(9) 劳动组织与岗位定员

车间一般根据产品的工艺过程进行分组，每组由若干岗位组成，按照岗位需要确定人员职务和数量，如车间主任、技术员、统计员、班长、领料员、操作人员等。列表表示，内容包括岗位分布、职务安排、岗位班次、岗位定员等。

(10) 设备一览表及主要设备生产能力

列表表示，设备一览表的内容包括所在岗位名称、设备编号、设备名称、材质、规格与型号（含容积、性能、电机容量）、数量、设备标准操作规程编号等。

主要设备的生产能力为在规定的全年生产天数中的日生产能力和年生产能力。内容包括岗位名称，主要设备名称、数量、容量、装料系数、批投料量、批作用时间、生产班次、批产量、日产量、折成品量和年产量。

日生产能力＝日生产批次×批产量

年生产能力＝日生产能力×年生产天数

(11) 原辅材料、动力消耗定额和技术经济指标

① 原辅材料及中间体消耗定额　新产品生产初期按工艺验证过程中的物料衡算、收率和副产物的回收率来计算，并给予一定的消耗率，确定原辅材料及中间体的消耗定额；对生产工艺成熟的产品，则参考前一年度的平均原辅材料及中间体的消耗来确定。

② 动力消耗定额　包括水、电、汽，按工艺验证时测定的平均动力消耗或前一年度平均水平确定。

③ 分步中间体收率和成品总收率　注明中间体收率和成品总收率的计算方法。

④ 技术经济指标　规定收率、合格品率、优质品率、成品率指标。

(12) 物料平衡（包括原料利用率的计算）

以工序为单位，进行物料平衡计算，列出加入物料的名称、分子量、含量、实际用量、折纯量、密度，收得中间体或成品的名称、各组分（包括产物、副产物和母液）收得量与含量，理论产量、理论收率、实际收率。

计算各岗位物料平衡率，计算公式如下：

$$物料平衡率＝\frac{产品产量＋可计量的回收品量＋副产物量}{所有原料投入量之和}×100\%$$

根据工艺验证结果，规定每个工序的物料平衡率合理的波动范围值，便于在实际生产过程中分析生产工艺的可行性。如不符合物料平衡率合理的波动范围值，应查明原因，提出改进措施。

2.3.1.4　补充部分

指附录和附页，一方面是对正文内容所作的补充；另一方面是用以帮助理解标准的内容，以便于正确掌握和使用。

附录包括有关理化常数、曲线、图表、计算公式、换算表等。

附页主要是供修改时登记批准日期、文号和内容用。

2.3.2　岗位标准操作规程

岗位操作法是对具备具体生产操作岗位的生产操作程序、技术、质量管理等方面作进一步详细要求。标准操作规程（standard operating procedure，SOP）是经批准用以指示操作的通用性文件或管理办法，也就是对某项具体操作所作的书面文件，企业可选择一种形式进行编制，也可作为组成岗位操作法的基础单元。SOP包括生产操作、辅助操作以及管理操作规程。企业可根据产品或岗位的操作需要制定SOP或岗位操作法，只要能满足生产和质量管理的要求，不强求岗位操作法或SOP的名称或数量。目前多数药品生产企业选择制定SOP文件。

GMP规定，标准操作规程的内容应包括：题目、编号、制定人及制定日期、审核人及审核日期、批准人及批准日期、颁发部门、生效日期、分发部门、标题及正文。正文部分编

写应当语言精练、确切、通俗、易懂，内容合理、可行，必须包括每项必要的步骤、信息和参数，各操作步骤的前后衔接要紧凑，条理性好，关键步骤可采用流程图来强调。

标准操作规程的内容包括以下两部分。

2.3.2.1　表头

内容包括题目、编号（码）、制定人及制定日期、审核人及审核日期、批准人及批准日期、颁发部门、生效日期、分发部门、页数等。

2.3.2.2　正文

内容包括 SOP 编写依据，操作范围及条件［所属生产（或管理）部门、产品、岗位、适用范围］，操作步骤或程序（准备过程、操作过程、结束过程），采用原辅材料（中间产品、包装材料）的名称、规格、操作标准，操作过程复核与控制，操作过程的安全事项与注意事项，操作中使用的物品、设备、器具及其编号。

【例 2-28】　色谱岗位标准操作规程

	* * * *　制药有限公司现行文件（SOP）			
文件名称	色谱岗位标准操作规程	编码	SOP-MF-03-030-01	
		页数	2-1	实施日期
制定人		审核人	批准人	
制定日期		审核日期	批准日期	
制定部门	生产部	分发部门	质管部、生产车间	

1. 主题内容、适用范围和责任人

本程序依据 * * * *产品生产工艺规程编写色谱岗位标准操作规程,规定了色谱岗位的生产操作过程。

本程序适用于色谱岗位的生产操作。

责任人:岗位操作工、班组长、工艺员、车间化验员

2. 程序内容

2.1　本岗位使用的离子交换树脂型号为:* * * *。

2.2　本岗位使用的洗脱剂为 * *～* * 的 * *。

2.3　准备工作

2.3.1　用 pH 试纸测待用的树脂柱下口流出液 pH 值应为 * *～* *。

2.3.2　关闭待用的吸附柱与解析柱之间的联通阀,以及吸附柱上的各个阀门,检查与本次吸附有关的设备、管道、阀门等,应无泄漏。

2.4　操作方法

2.4.1　由色谱岗位的操作工将 * *岗位离心液储罐的离心液压入色谱岗位的上柱液储罐中,然后用前一批收集的 * *调离心液 pH 值。用取样器从上柱液储罐的取样口取少量离心液,送车间化验室测 pH 值,pH 值达到 * *～* * 时,即可准备上柱。

2.4.2　开启吸附柱的进料阀,然后开上柱液储罐的空压阀,控制内压 0.15MPa,调节吸附柱的出口阀门,控制流速为 3L/min。

……………

2.5　结束操作

2.5.1　* *组分收集完后,将收集的 * *吸入 * *液储罐。关闭吸附柱及解析柱的所有阀门。对 * *搅拌后。由车间化验员取样测旋光值,并做好记录。

2.6　注意事项

2.6.1　树脂柱开始工作以后,整个过程不得干柱,以免影响树脂吸附能力。

2.6.2　随时检查设备、管道、阀门有无跑冒滴漏,防止跑料。

2.3.3　生产工艺规程和岗位标准操作规程的制定与修订

生产工艺规程的制定及管理没有一个固定的模式,与各企业的机构设置有关。一般工艺规程必须由具有足够制药知识和经验并通晓产品生产和质量管理的人员组织编写,编写后,

应由质量管理部门组织企业的专业人员进行审核，经主管生产和质量的负责人批准后执行。这一活动需有文字记录，并有编写人、审核人、批准人的签字、日期及批准执行的日期。工艺规程虽没有千篇一律的格式，但从药品 GMP 要求和实践来看，通常原料药的工艺规程按每一品种编制。

GMP 明确规定工艺规程和岗位标准操作规程一经批准，不得任意改动，各级操作人员和管理人员都应严格执行。如需更改时，应按制定时的程序办理修订、审批手续。对不符合工艺规程的指令或无批准手续变更操作的指令，操作人员应该拒绝执行。

2.3.3.1 生产工艺规程和岗位标准操作规程的制定与审核程序

(1) 编制生产工艺规程准备阶段

由生产技术部门协同质量管理部门组织车间技术员、质量员、设备管理员等培训学习 GMP 及其检查标准，企业制定的关于企业技术文件的撰写、工艺规程及标准操作规程的制定与审核及修订程序等内容，以统一格式和编写要求。

(2) 组织编写

由车间主任组织车间相关技术人员按技术文件撰写要求和工艺流程进行起草编写。编写过程中应广泛征求车间班组的意见，然后拟定初稿，经车间技术主任初审后，送生产技术部门和质量管理部门审查。

(3) 审查、审核

质量管理部门组织生产技术、设备、车间等部门进行会审，对各类数据、参数、工艺、质量标准、安全措施、三废处理等方面进行全面审查，起草人员根据审查反馈的意见进行修改，经生产技术部主任签字后送质量部审核修改结果和统一格式，质量部负责人签字后送总工程师或企业技术负责人审定批准。

(4) 审定批准

企业总工程师或企业技术负责人审定后签署批准意见，车间相关人员培训合格后签署执行日期，颁发各有关部门执行。

2.3.3.2 生产工艺规程和岗位标准操作规程的修订

对新产品的生产一般先制定试行生产工艺规程，等生产工艺验证证明生产工艺稳定后再制定正式生产工艺规程。工艺稳定的产品生产工艺规程一般 3~5 年修订一次，标准操作规程 1~2 年修订一次。当有重大工艺改革、设备更新、原辅料变更等，需要组织工艺验证，证明对质量无影响时才能通过批准更改工艺规程。在修订期限内确实需要修改时，如一般的工艺和设备改进，由有关部门提出书面报告，经试验在不影响产品质量情况下，通过规定的程序，批准修订稿。修订稿的编写、审核、批准程序与制定程序相同，并注明修改日期、实施日期、各级人员的签字。

训练项目

1. 有时同种反应物由于溶剂的不同而产物不同，结合课本内容并查阅相关资料试讨论甲苯与溴进行溴化时，选用何种溶剂可控制取代反应发生在苯环上，选用何种溶剂可控制取代反应发生在甲基侧链上？

2. 反应物的配料比不同可得到不同的产物。季戊四醇与氢溴酸反应可分别制备一取代产物、二取代产物、三取代产物和四取代产物。反应方程式如下：

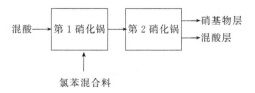

查阅相关资料，分别给出季戊四醇与氢溴酸反应制备这四种产物的最佳配料比。

3. 准确把握转化率、收率、选择性的概念并完成下列习题：

氯霉素生产过程中，乙苯硝化反应方程式如下（乙苯的相对分子质量为 106，硝基乙苯的相对分子质量为 151）：

已知投入反应的乙苯 400kg，反应生成对硝基乙苯 270.5kg，邻硝基乙苯 284kg，未反应的乙苯为 4kg。

① 计算乙苯转化率。

② 分别计算邻硝基乙苯的收率（Y_1），对硝基乙苯的收率（Y_2）。

4. 分组讨论制药工艺过程的影响因素有哪些？除课本讲到的还有哪些影响因素？如何控制这些影响因素？

5. 乙醇在装有 Al_2O_3 催化剂的固定床反应器中反应脱水，生成乙烯。测得每次投料 0.46kg 乙醇，得到 0.252kg 乙烯，剩余 0.023kg 乙醇未反应。求乙醇的转化率，乙烯的收率和选择性。（95%，94.7%，90%）

6. 萘磺化碱溶法生产 α-萘酚。各工序的收率为：萘磺化生成 α-萘磺酸的收率为 81.2%，α-萘磺酸碱溶生成 α-萘酚的收率为 57.5%，α-萘酚精制成产品的收率为 76.9%，求车间总收率。（35.9%）

7. 用 92% 工业硫酸与 20% 发烟硫酸配制 1.2t 98% 硫酸，求用两种原料的量。（0.624t，0.576t）。

8. 苯甲酰苯甲酸（BB 酸，相对分子质量 226）脱水缩合制蒽醌（相对分子质量 208）：

要求控制反应终点时，硫酸浓度为 93.5%。每批投料为：工业 BB 酸 400kg，含水 10%，干品中含纯 BB 酸 97%，缩合剂浓硫酸的浓度为 97.8%，缩合反应转化率 90%。求：① 浓硫酸的用量；② 列出物料衡算表。（1416.4kg）

9. 氯苯连续硝化制邻硝基氯苯、对硝基氯苯。采用串联锅式反应器

已知：每小时进混酸 $0.25m^3$，密度 $1.74g/cm^3$，混酸的组成为：硝酸 47%，硫酸 49%，水 4%。氯苯混合料为 $0.346m^3$，密度 $1.14\ g/cm^3$，其中氯苯 92%，硝基氯苯 8%。

第 1 硝化锅废酸层中含硝酸 3%，第 2 硝化锅的出口废酸层中含 HNO_3 1%。忽略二硝化反应及硝酸分解反应。求：①第 1、第 2 硝化锅中氯苯的转化率及总转化率；②废酸生成总量及组成；③硝化产物硝基物层的产量及组成；④列出物料衡算表（以 kg/h 计）。

答案：①40.9%，1.3%，42.2%；②291.1kg，HNO_3：H_2SO_4：H_2O＝1：73.2：25.8；③538.4kg，硝基氯苯/氯苯＝99.5/0.5；④略

10. 工艺路线设计的基本方法。

11. 采用模拟类推法设计喹诺酮类抗菌药氟罗沙星和加替沙星的工艺路线。

12. 理想工艺路线的特点。

13. 追溯求源法的基本内容与基本方法，追溯求源法中常见的切断部位。

14. 非甾体抗炎镇痛药布洛芬合成工艺路线评价。

15. 使用追溯求源法设计抗真菌药益康唑的工艺路线。

16. 采用分子对称法设计骨骼肌松弛药肌安松和中药活性成分川芎嗪的工艺路线。

17. 利用手性元制备手性药物——N-羧烷基二肽类血管紧张素转化酶抑制剂的合成工艺路线设计。

18. 以阿司匹林的实验室小试为例，分析在这一小试过程中要研究哪些问题？并简要说明。

19. 在乙苯的硝化反应中需要进行设备的腐蚀试验，查阅相关资料分别写出在实验室和生产中进行乙苯硝化反应所用的主要仪器与设备。

20. 举例说明如何找出实验室小试过程中某一单元反应最适宜的反应条件？

21. 某药厂生产的阿司匹林中杂质水杨酸酐的含量偏高而直接影响产品出口。为降低杂质的生成量，根据专业知识，已经确定考察的因素和水平为：

A：配料比（摩尔比）　A_1＝1：1　A_2＝1：1.5　A_3＝1：2
B：反应温度　　　　　B_1＝65℃　B_2＝75℃　B_3＝85℃
C：升温时间　　　　　C_1＝1h　　C_2＝1.5h　C_3＝2h
D：保温时间　　　　　D_1＝2h　　D_2＝4h　　D_3＝6h

试根据因素和水平选择正交表，并制订试验计划。

22. 根据以下原料药生产工艺过程撰写各工序的岗位标准操作规程（SOP）和生产工艺流程方框图。

① 阿司匹林的生产

a. 酰化工序：将水杨酸 10kg、醋酐 14ml、浓硫酸 0.4L 加入到 250L 的酰化反应釜内，开动搅拌加热，升温至 70℃，维持在此温度下反应 30min，测定反应终点。反应终点达到后，停止搅拌，向反应釜中加入 150L 冷的蒸馏水，继续搅拌至阿司匹林全部析出，过滤，用少量稀乙醇洗涤，压干，得粗品。

b. 精制工序：将所得粗品置于 50L 的搪瓷釜中，加入 30L 乙醇，开始加热，加热至固体阿司匹林全部溶解，稍加冷却，加入活性炭脱色 10min，趁热抽滤，将滤液倾入 100L 的结晶釜中，冷却至室温，析出白色结晶，待结晶析出完全，用少量稀乙醇洗涤，压干，置于小型烘干机中干燥，则得阿司匹林成品。

② 巴比妥的生产　将绝对乙醇由泵打到高位槽中，再加入装有推进式的搪玻璃反应釜中，再加入金属钠，开动搅拌，待金属钠消失后，再加入二乙基丙二酸二乙酯、尿素，加毕，升温至 80～82℃。停止搅拌，保温反应 80min（反应正常时，停止搅拌 5～10min 后，料液中有小气泡逸出，并逐渐呈微沸状态，有时较剧烈），并控制压力。反应完毕后，将回

流路线关闭，改为蒸馏，并开动搅拌，缓慢蒸去乙醇，至常压不易蒸出时，打开减压阀，再减压蒸馏尽。再加入一定量的水使反应釜中的残渣溶解，加入稀盐酸（盐酸：水＝1：1），调 pH＝3～4，在反应釜夹套中通入冷却水使其析出结晶，再抽滤，得粗品。将上述粗品转移到脱色釜中，加入水（16L/kg），加热溶解，由加料口加入活性炭适量，脱色 15min，趁热过滤，滤液送到结晶釜，通过夹套冷却结晶，再抽滤，烘干，得巴比妥。

任务 3　生产环节技能

教学目标：

1. 了解反应器材料和结构。
2. 掌握反应器的防腐蚀方法。

能力目标：

1. 正确进行间歇式反应器的操作。
2. 具有安全生产和环境保护意识。

3.1　化学制药反应器

3.1.1　化学制药反应器材料与防腐方法

3.1.1.1　反应器材料

设备材料可以分为金属和非金属两类。金属材料的优点是机械加工性能良好，具有良好的导热性能、耐磨抗震以及使用寿命较长等；其缺点是耐腐蚀性较差。非金属材料耐腐蚀性好于金属材料，同时价格低廉，但其他性能较金属材料差。所以，制药工业上采用较多的是金属材料，主要有碳钢、铸铁、不锈钢、铝、铅、铜及其合金。其中由于碳钢和铸铁具有良好的物理和机械性能，并且价格便宜、产量大，所以被广泛用于制造各种设备。

由于制药工业所使用的介质种类较多，而且大多数介质具有腐蚀性，这就要求设备材料耐腐蚀。因此需要不断改进现有的金属与非金属材料，研制强度高、耐腐蚀性能优良的新品种，并用于生产实践。

3.1.1.2　设备材料的腐蚀

"腐蚀"是金属材料和外部介质发生化学作用或电化学作用而引起的破坏。按造成腐蚀的原因可以将腐蚀分为化学腐蚀和电化学腐蚀，按金属腐蚀破坏形式可以将腐蚀分为均匀腐蚀和局部腐蚀。

(1) 化学腐蚀

金属的化学腐蚀是金属与周围介质直接发生化学反应而引起的损坏，它的特点是腐蚀发生在金属表面上，在腐蚀过程中没有电流产生。

化学腐蚀所生成的腐蚀产物可能形成不同厚度的膜，而这种膜对金属腐蚀速度影响很大。所以在研究化学腐蚀时，首先应当研究金属表面上的膜。如铁在室温的干燥空气中氧化几天后的氧化膜厚度仅 1.5~2.5nm，并且为疏松状态，对金属主体不能起到保护作用；而相同条件下铝的氧化膜厚度可以达到 10nm，且紧密地附着在金属上，对金属主体起到保护作用。

化学腐蚀中最重要的是气体腐蚀，即指金属在高温气体中的腐蚀。在大多数情况下，气体腐蚀是金属与空气中的氧相互作用的结果。此外，SO_2、NO_2、硫蒸气在接近 773K 时，

CI₂ 在高于 473K 时也都会引起金属的腐蚀。

金属在不导电的液体中，其腐蚀速度一般较小。

(2) 电化学腐蚀

金属的电化学腐蚀实质上是由于金属在腐蚀过程中形成原电池而引起的，这种原电池称为腐蚀电池，即金属材料与电解质溶液发生电化学反应而引起的腐蚀。

金属材料在电解质溶液中，在水分子的作用下，金属离子本身呈离子化，当金属离子与水分子的结合力大于金属离子与其电子的结合力时，一部分金属离子就从金属表面转移到电解质溶液中，从而形成双电层，即产生电化学腐蚀。

通常电化学腐蚀比化学腐蚀强烈得多，金属材料的腐蚀也多是由电化学腐蚀产生的。

如将锌片和铜片分别放入稀 H_2SO_4 溶液中，用导线和电流表将其连接，根据原电池原理，锌片和铜片上分别发生如下反应：

阳极反应，锌失去电子被氧化

$$Zn \longrightarrow Zn^+ + 2e$$

阴极反应，酸中的氢离子在铜片上得到电子被还原，称为氢气放出

$$2H_2 + 2e \longrightarrow H_2$$

在上述反应中，锌片不断溶解即被腐蚀。所以金属的腐蚀过程由三个环节组成，即阳极过程、阴极过程和电流在闭合回路中的流动，三者缺一不可。

根据组成电池的电极大小，可以将腐蚀电池分为大电池腐蚀和微电池腐蚀。

① 大电池腐蚀　通常有两种，一种是不同的金属与同一种电解质溶液相接触，电位低的金属为阳极，电位高的为阴极。如一台列管式石墨冷却器，壳层通海水，碳钢制的壳体与石墨列管以及管板之间形成腐蚀电池，电位低的碳钢不断地溶解而被腐蚀。这种腐蚀电池因为可以宏观地区分阳极与阴极，所以又称作电偶腐蚀电池。

另一种是同一种金属与不同浓度的电解质溶液相接触，与高浓度介质相接触的那部分金属电位较高，为阴极；而与低浓度介质相接触的那部分金属电位较低，为阳极，这种因为浓度差而引起的腐蚀，称为浓差电池。如金属设备的气-液交界面，靠气相部分的氧浓度高，是阴极，紧靠液面以下的部分为阳极，因为腐蚀现象非常明显，所以又称为"水线腐蚀"。

② 微电池腐蚀　当金属设备材料含有杂质、表面加工粗糙、有划痕、设备受热不均匀时，如果与电解质溶液相接触，将会形成腐蚀电池而发生腐蚀，称为微电池腐蚀。

(3) 极化作用　由于通过电流而引起原电池两极间的电位差减小的过程称作原电池的极化。阳极电位向正方向变化叫阳极极化；阴极电位向负方向变化叫阴极极化。不论是阳极极化还是阴极极化，都能使腐蚀原电池的两极间电位差减小，因而使腐蚀电池中流过的电流减小，故极化作用能降低金属的腐蚀速度。

① 引起阳极极化有三个原因：阳极过程进行缓慢；阳极表面金属离子扩散较慢；金属表面生成了保护膜。

② 引起阴极极化有两个原因：阴极过程进行缓慢；阴极附近反应物与反应生成物扩散较慢。

(4) 去极化作用

① 产生阳极去极化的原因：由于阳极钝化膜的破坏；金属离子加速离开金属表面。

② 产生阴极去极化的原因：所有能在阴极上获得电子的过程都能使阴极发生去极化作用；使去极化剂容易到达阴极或使阴极反应产物容易离开的过程也产生去极化作用。

（5）影响腐蚀的因素

影响腐蚀的因素既有内在因素，也有外界因素的影响。其内在因素主要有金属及合金的性质、组成、表面状态以及有无变形应力等。外界因素主要有介质的组成、浓度、温度、压力、pH 值、运动速度、设备结构及金属加工状态等。

（6）金属腐蚀的破坏形式

金属在不同的介质中，因腐蚀而受到的破坏形式是多种多样的，一般分为均匀腐蚀和局部腐蚀（非均匀腐蚀）。局部腐蚀又可以分为区域腐蚀、点腐蚀、晶间腐蚀等。其中以晶间腐蚀危害最大，因为这种腐蚀是沿着晶粒边界发展的，破坏了晶粒间的连续性，使金属材料的机械性和塑性急剧降低；同时这种腐蚀不易检查，易于造成突发性事故。

3.1.1.3　金属设备防腐蚀常用的方法

（1）衬覆保护层法

① 金属覆盖保护层法　金属覆盖保护层法是用耐腐蚀性能较好的金属或合金材料覆盖耐腐蚀性能较差的主体金属设备，是其免于介质腐蚀的一种防腐蚀方法。金属覆盖保护层法可分为阳极覆盖法和阴极覆盖法两种。阳极覆盖法是保护层金属的电位比被保护金属的电位低，在腐蚀性介质中前者为阳极，后者为阴极，如铁上镀锌等。阴极覆盖法是保护层金属电位比被保护金属的电位高，这时只有当保护层金属完整时才能起到防腐蚀作用，如铁上镀锡、铅、镍等。实施金属覆盖的方法主要有热镀、喷镀、电镀和化学镀。

② 非金属涂层　非金属涂层一般为隔离性涂层，它的作用是将被保护的金属与腐蚀介质隔离开。常用的无机涂层有搪瓷或玻璃涂层、硅酸盐水泥涂层和化学转化涂层。搪瓷涂层用于各种容器的衬里；玻璃涂层在化学制药工业中应用广泛；采用硅酸盐水泥涂层的铸铁管和钢管在水溶液和土壤中的使用寿命可以长达数十年；化学转化涂层又称为化学膜，主要用于铬酸盐处理膜和磷酸盐处理膜等。

有机涂层一般有涂料涂层、塑料涂层和硬橡皮涂层。涂料可以在金属表面上连续涂覆，固化后将金属与腐蚀介质隔离；塑料涂层是用层压法将塑料薄膜直接黏结在金属材料表面上；硬橡皮涂层是将其覆盖于金属表面，使其具有耐腐蚀性能，它的缺点是受热变脆，因此一般在 50℃ 以下使用。

（2）电化学保护法

电化学保护法是根据电化学腐蚀原理对被保护的金属设备通一直流电进行极化，以消除或降低金属设备在腐蚀介质中的腐蚀速度。电化学保护法主要分为阴极保护法和阳极保护法两种。

① 阴极保护法　这种方法是目前使用较为广泛的行之有效的方法之一，有"牺牲阳极"的阴极保护法和外加电流的阴极保护法两种（图 3-1）。

"牺牲阳极"保护法是在要保护的金属设备上连接一种负电性的金属。适用于做"牺牲阳极"的材料主要有锌、镁、铝和合金等。这种方法适用于导电性能良好的盐溶液，不适用于导电性能差和腐蚀性强的介质。

外加电流的阴极保护法是利用外加电流，是被保护的金属设备整个表面成为阴极，将腐蚀速度降到最低。这种方法因为需要很大的外加电流，成本较高，而且也不适用于几何形状复杂的金属设备，所以不常采用。

② 阳极保护法　产生阳极极化的原因之一是金属在某些介质中能生成一层完整的保护膜，从而阻止了设备主体的继续腐蚀，这种现象称为"钝化"。因此人为地给金属通以外加阳极电流，使金属设备的电位维持在一定范围，促使该金属钝化，从而降低金属的腐蚀速

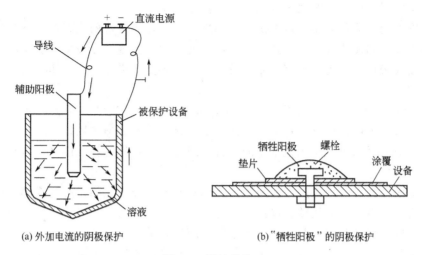

图 3-1　阴极保护法

度,保护金属设备,这种方法称为阳极保护法。

(3) 处理介质保护法

当腐蚀介质量不大时可以采用处理介质保护法,即除去介质中的有害物质或添加缓释剂以防止金属的腐蚀。这种方法由于使用方便、见效快,所以发展很快。缓释剂的种类很多,一般分为无机缓释剂和有机缓释剂两种。

3.1.1.4　设备材料的选择

合理地选择和使用设备材料对制药生产设备是十分重要的,通常要考虑设备的构造、制造工艺和使用条件及寿命等,以及材料的机械性能、耐腐蚀性能以及价格来源等。

3.1.2　化学制药反应器

3.1.2.1　化学制药反应器分类

用来进行化学反应的设备称为反应器。为了满足工业生产的需求,反应器的种类和形式有多种,既可以按照反应的特性分,也可以按照设备的特性分。

(1) 按操作方式分

反应器分为间歇式、连续式和半间歇式。

① 间歇式　反应物料按一定配比一次加入反应器内,在反应条件下,经过一定时间后,反应达到所要求的转化率后,将物料一次排出反应器,然后清洗反应器,完成一个生产周期。之后再进行下一批原料的装入、反应和卸料。这类反应器称为间歇式反应器。

间歇反应过程是一个非定态过程,反应器内物系的组成随时间而不断变化,这是间歇过程的基本特征。间歇式反应器在反应过程中既没有物料的输入,也没有物料的输出,即不存在物料的流动,整个反应过程都是在恒容下进行的。若反应物料为气体,则充满整个反应器空间;若反应物料为液体,虽然物料不能充满整个反应器空间,但是由于压力的变化而引起液体体积的改变很小,通常可以忽略。

采用间歇操作的反应器一般是釜式反应器。间歇式反应器适用于反应速率较慢的化学反应或产量小、多品种的化学品生产过程,例如医药、精细化工产品生产等。它的特点是操作简单,但劳动强度大,设备利用率低,不适宜连续化自动生产过程。

② 连续式　采用连续式操作的反应器称连续式反应器或流动反应器。其特征是连续地

将原料输入反应器，反应产物也连续地从反应器中流出。

连续式操作的反应器多属于定态操作，即反应器内任何部位的物系参数（如浓度、反应温度等）均不随时间而改变，但却随位置的不同而变化。大规模工业生产的反应器绝大部分都是采用连续式操作，因为它具有产品性质稳定、劳动生产率高、便于实现机械化和自动化等优点。

③ 半连续（半间歇）式　半间歇式反应器介于间歇式和连续式两者之间，其特点是先在反应器内加入一种或几种反应物料，其他在反应过程中不断地加入，反应结束后产物一次排放。这种反应器适用于反应比较剧烈的场合，或要求一种反应物浓度高，另一种反应物浓度低的场合。

半连续式操作具有连续式操作和间歇式操作的某些特征。比如，有与连续式操作相似的连续流动的物料，也有类似间歇式操作的分批加入或卸出的物料。因此，半连续式反应器的反应物系的组成不仅随时间而改变，而且也随反应器内的位置不同而不同。

对于管式反应器、釜式反应器、塔式反应器以及固定床反应器都可以采用半连续式操作方式。

（2）按操作温度分

反应器分为等温式（恒温式）和非等温式反应器。等温式反应器一般用于实验室，其特点是反应器内各点的温度相等，并不随时间而变化。非等温式反应器是生产中常见的反应器。

（3）按反应器与外界有无热量的交换分

可以将反应器分为绝热式反应器和外部换热式反应器。绝热式反应器在反应过程中不与外部环境发生热量的交换。当反应过程中放热或吸热强度较大时，常将其设计为多段，在段间进行加热或冷却。外部换热式反应器有直接换热式和间接换热式两种，这类反应器在工业中应用较多。

（4）按反应物系相态分

可以将反应器分为均相反应器和非均相反应器。均相反应器的特点是没有相界面，通常分为气相反应器和液相反应器。非均相反应器存在明显的相界面。

（5）按反应器特征分

可以将反应器分为釜式（槽式）、管式、塔式、固定床式、流化床式、移动床式等。

3.1.2.2　间歇式操作釜式反应器

间歇式操作釜式反应器　主要工作部件有釜体、换热装置、搅拌装置、轴封装置、传动装置和工艺接管。搅拌釜式反应器的基本结构见图 3-2。

① 釜体　完成反应的场所。

a. 材料：制药操作中所用到的反应器一般为常低压设备，因此对材料强度的要求不高，但因制药生产中使用的介质多具有腐蚀性，所以一般要求材质耐腐蚀。

b. 形状：一般为圆桶形，再配以釜底和釜盖。釜

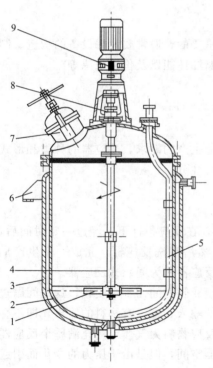

图 3-2　搅拌釜式反应器
的基本结构

1—搅拌器；2—釜体；3—夹套；

4—搅拌轴；5—压料管；6—支座；

7—人孔；8—轴封；9—传动装置

底主要有平面形、碟形、椭圆形、球形等（图 3-3）。

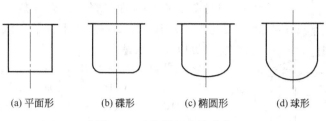

(a) 平面形　　(b) 碟形　　(c) 椭圆形　　(d) 球形

图 3-3 反应器釜底的形状

② 换热装置　换热装置是用于实现物料间的换热。结构形式见图 3-4。

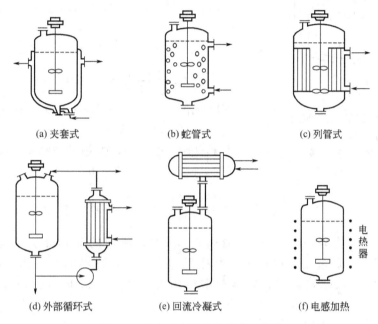

(a) 夹套式　　　　(b) 蛇管式　　　　(c) 列管式

(d) 外部循环式　　(e) 回流冷凝式　　(f) 电感加热

图 3-4　釜式反应器的换热装置结构

③ 搅拌装置　强化传热和传质的过程，主要由搅拌轴和搅拌电机组成（图 3-5）。

④ 轴封装置　防止釜内物料泄漏和外界气体进入。有填料和机械密封两种，机械密封的效果好于填料密封。

⑤ 传动装置　为搅拌器提供能量。

⑥ 工艺接管　如进料管、出料管、视镜、人孔等。

3.1.3　化学制药反应器的物料与热量计算

3.1.3.1　物料衡算的基本内容

① 物料衡算依据：由物质守恒的原理，定量地对生产工艺各阶段作物料的有关计算。

② 计算基准：选取一个固定不变的量为计算的基准，一般取单位时间内处理物料的量，或单位时间内生成的成品、半成品的量为基准。

③ 转化率、阶段收率和总收率。

有关物料衡算内容见任务 2.2.3.6 节。

3.1.3.2　热量衡算

在所有的工艺过程中，总是有热量的消耗和释放。热量衡算也必须遵守守恒的原理。

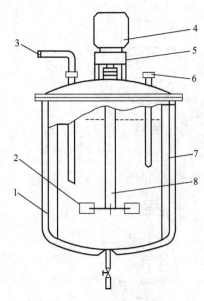

图 3-5 典型的机械搅拌装置

1—釜体；2—搅拌器；3—加料管；
4—电机；5—减速箱；6—温度计套；
7—挡板；8—搅拌轴

【例 3-1】 在［例 2-27］中主副反应均为放热反应，同时剩余的 HCl 在稀释后也要放热，所以为了控制反应温度约 333K，需要直接加水调节，试计算反应过程中的总热量以及加水量。

$$C_6H_5NH_2+2HCl+NaNO_2 \longrightarrow$$
$$C_6H_5N_2Cl+NaCl+2H_2O+140.89kJ/mol$$
$$HCl+NaNO_2 \longrightarrow NaCl+HNO_2+14.45kJ/mol$$

30%HCl 稀释的无限稀释热为 21000kJ/kmol

解

$$Q_{r1}=\frac{847}{93}\times1000\times140.89=1283\times10^3 \ (kJ)$$

$$Q_{r2}=\frac{16.6}{69}\times1000\times14.45=3476 \ (kJ)$$

$$Q_{r3}=\frac{97.42}{36.5}\times21000=56050 \ (kJ)$$

$$Q=Q_{r1}+Q_{r2}+Q_{r3}=1283\times10^3+3476+56050$$
$$=1342\times10^3 \ (kJ)$$

设冷却水由 293K 加热到 333K，水的比热容为 4.187kJ/(kg·K)，则需水量

$$M=\frac{Q}{c\times\Delta T}=\frac{1342\times10^3}{4.187\times(333-293)}=8019(kg)$$

【例 3-2】 设需将某物料从 15℃加热到 260℃，所用的加热介质为压力 1.4MPa、280℃的过热蒸汽，通过换热过程热蒸汽冷凝为水。已知物料的流量为 450kg/h，平均恒压比热容为 0.83kcal/(kg·℃)，换热器热损失为 3000kcal/h，问每小时需多少千克过热蒸汽？

解 取整个换热器为计算系统。

以 1h 为计算基准，由题意及所选系统画图如下。由饱和水蒸气表查得：

1.4MPa、280℃的过热蒸汽的焓：$H_3=715.8kcal/kg$

1.4MPa、饱和水蒸气的焓为：$H_4=197.3kcal/kg$

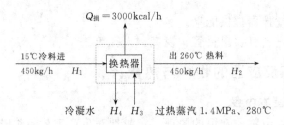

由能量守恒得： $$\sum\Delta H=Q_{损}=-3000kcal/h$$

$$\sum\Delta H=H_2+H_4-H_1-H_3=(H_2-H_1)+(H_4-H_3)$$
$$=\Delta H_{物料}+\Delta H_{蒸汽冷凝}$$

其中： $$\Delta H_{物料}=G_{物料}\bar{c}_p(T_2-T_1)$$

$$=450\times0.83\times(260-15)$$
$$=91507.5\ (\mathrm{kcal/h})$$

$$\Delta H_{\text{蒸汽冷凝}}=G_{\mathrm{H_2O(g)}}\ (H_4-H_3)$$
$$=G_{\mathrm{H_2O(g)}}\ (197.3-715.8)$$
$$=-518.5G_{\mathrm{H_2O(g)}}\ (\mathrm{kcal/h})$$

所以：
$$518.5G_{\mathrm{H_2O(g)}}+91507.5=-3000$$
$$G_{\mathrm{H_2O(g)}}=182.3\ (\mathrm{kg/h})$$

3.1.4　釜式反应器的搅拌器

3.1.4.1　搅拌器的作用

搅拌器是搅拌反应釜的关键部件。其作用是提供过程中所需要的能量和适宜的流动状态。搅拌器将机械能传递给流体，使其具有较高的动能和静压能，在搅拌器附近形成高度湍流的混合区，同时进行着内部循环流动，这种循环流动的途径称为流型。

搅拌器内的流型取决于搅拌器型式和转速、搅拌容器和内部几何结构、流体的性质等。对于搅拌器顶插式中心安装的立式圆筒，有三种流型，即径向流、轴向流和切向流（图 3-6）。

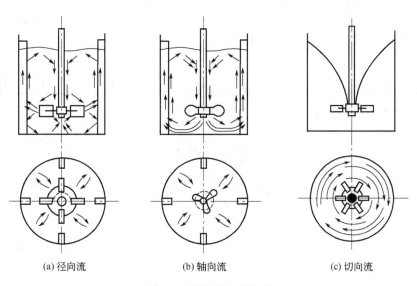

(a) 径向流　　　　　　　(b) 轴向流　　　　　　　(c) 切向流

图 3-6　搅拌器内的流型

搅拌的作用有如下两点。

① 强化传质过程：通过搅拌使分子均匀地分散到均相或非均相体系中。

② 强化传热途径：通过搅拌达到消除釜内温度差或提高釜内壁的对流传热系数。

3.1.4.2　搅拌器的主要工作部件

① 搅拌器：由旋转的轴和轴上的叶轮组成。

② 辅助部件和附件：主要由密封装置、减速箱、搅拌电机、支架、挡板和导流筒等组成。

3.1.4.3　搅拌器的型式

(1) 高转速式搅拌器

① 推进式搅拌器（螺旋桨式搅拌器） 如图 3-7 所示，实质上是一个无外壳的轴流泵。

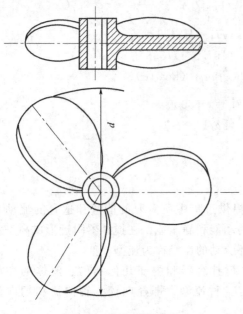

a. 特点：循环速度高，叶端圆周速度为 5～15m/s；转速高时，剪切作用大，产生很强的轴向流。

b. 适用场所：适用于黏度小于 2Pa·s 的液体搅拌，以及以宏观混合为目的的搅拌过程，特别适用于要求容器上下均匀的场合。

c. 搅拌器的直径：推进式搅拌器的直径 d 与搅拌釜内径 d_t 之比为 （0.2～0.5）∶1。

d. 搅拌器转速：一般为 100～500r/min。

② 涡轮式搅拌器 实质上是一个无泵壳的离心泵。

a. 分类：按有无圆盘可分为圆盘涡轮式搅拌器和开启涡轮式搅拌器（图 3-8）；按叶轮可分为平直叶、折叶和弯叶涡轮式搅拌器。

b. 适用场所：适用于中低黏度的液体搅拌（黏度小于 50Pa·s）。

c. 搅拌器的直径：涡轮式搅拌器的直径 d 与搅拌釜内径 d_t 之比为 （0.2～0.5）∶1，以 0.33∶1 居多。

图 3-7 推进式搅拌器

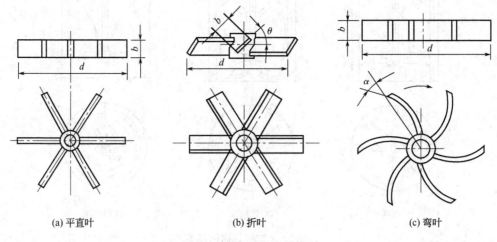

(a) 平直叶　　　(b) 折叶　　　(c) 弯叶

图 3-8 开启涡轮式搅拌器

d. 搅拌器转速：一般为 10～300r/min。

(2) 大叶片低转速搅拌器

① 桨式搅拌器 如图 3-9。

a. 特点：低转速时，主要产生切向流；转速高时以径向流为主。折叶桨式搅拌器由于叶片与旋转平面夹角小于 90°，因此会产生轴向流。

b. 适用场所：可以在较宽的黏度范围内使用，黏度可以高达 100Pa·s，也可以小于 2Pa·s。

c. 搅拌器的直径：搅拌器的直径 d 与搅拌釜内径 d_t 之比为 （0.35～0.8）∶1。

d. 搅拌器转速：一般为 10～100r/min。

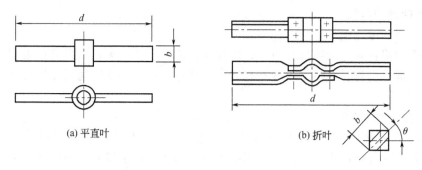

图 3-9　桨式搅拌器

② 锚式和框式搅拌器　如图 3-10。

a. 特点：搅拌器的直径 d 与搅拌釜内径 d_t 接近相等，间隙很小，所以转速低。叶端圆周速度为 $0.5\sim1.5\text{m/s}$，剪切作用很小，但搅动范围大，不易产生死角，可以防止器壁沉积现象。

b. 适用场所：适用于高黏度的液体搅拌。

c. 搅拌器的直径：搅拌器的直径 d 与搅拌釜内径 d_t 之比为 $(0.9\sim0.98):1$。

③ 螺带式搅拌器和螺杆式搅拌器　如图 3-11。

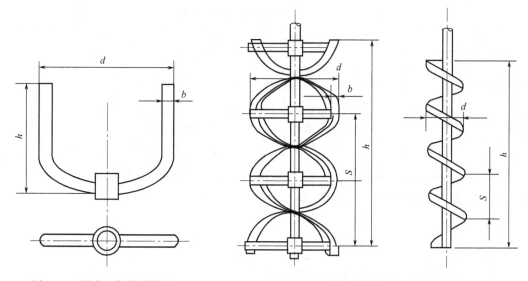

图 3-10　锚式和框式搅拌器　　　　图 3-11　螺带式搅拌器和螺杆式搅拌器

a. 特点：主要产生轴向流，加上导流筒时，可以形成筒内外的上下循环流动。

b. 适用场所：适用于高黏度的液体搅拌（黏度小于 50Pa·s）。

c. 搅拌器转速：一般小于 50r/min。

3.1.4.4　搅拌附件

① 挡板　安装挡板的目的是为了制止切线流和打旋现象的产生。挡板的形式一般为垂直固定在釜内壁上的条形板，数量为 2～4 块。

② 导流筒　目的是控制流体流型和使釜内流体均匀地通过导流筒内的强烈混合区，提高混合效果。对于涡轮式搅拌器，导流筒安装在叶轮上方；对于推进式搅拌器，导流筒安装在叶轮的外面。

3.1.4.5　搅拌器的选型

(1) 按物料黏度选型

在所有影响搅拌状态的物理性质中，以黏度的影响最为显著，所以可以根据黏度的大小选择搅拌器。低黏度物料体系可以选择高转速的搅拌器；高黏度的物料体系可以选择低转速的搅拌器。

(2) 按搅拌目的选型

① 低黏度均相液体混合物，因其分子扩散速率快，所以控制因素是宏观混合速率，即循环流量。各种搅拌器的循环流量由大到小的排列顺序为：推进式、涡轮式、桨式。

② 非均相分散过程，要求被分散的"微团"越小越好，或得到高度分散的"气泡"。这类搅拌过程要求有较大的循环流量，过程控制因素主要是剪切作用。各种搅拌器剪切作用由大到小的排列顺序为：涡轮式、推进式、桨式。

③ 固体过程，当过程为以固体溶解为主时，除了要求有较大的循环流量之外，同时还需要较大的剪切作用，所以开启涡轮式搅拌器比较合适。生产上对于易溶的固体物溶解常选用桨式或框式搅拌器。当过程为固体悬浮操作时，其操作情况比较复杂，一般根据固-液密度差选择搅拌器。如果固-液密度差较小，常选推进式搅拌器；如果固-液密度差比较大，可以选择开启涡轮式搅拌器。

根据搅拌过程和主要控制因素选型见表 3-1。

表 3-1　根据搅拌过程和主要控制因素选型

搅拌过程	主要控制因素	搅拌器型式
低黏度液体混合	循环流量	推进式、涡轮式
高黏度液体混合	循环流量；低转速	涡轮式、锚式、框式、螺带式、桨式
非均相液体分散	液滴大小(分散度)；循环流量	涡轮式
(互溶体系)溶液反应	湍流强度；循环流量	涡轮式、推进式、桨式
固体悬浮	循环流量；湍流强度	桨式、推进式、涡轮式
固体溶解	剪切作用；循环流量	涡轮式、涡轮式、桨式
气体吸收	剪切作用；循环流量；高转速	涡轮式
结晶	循环流量；剪切作用；低转速	涡轮式、桨式或其变形
传热	循环流量；传热面上高流速	桨式、推进式、涡轮式

3.1.5　反应器的操作技能与维护

3.1.5.1　反应器操作技能

(1) 开车前准备

① 首先要对气路系统进行试漏和保护气置换。

② 其次要检查传动系统的润滑和灵敏度。

③ 检查各仪表、投料系统是否正常。

(2) 反应系统的操作控制

① 反应器内加入反应物料至正常液位后，启动反应器的搅拌器，控制一定转速。

② 压力控制：反应器中如果不凝惰性气体含量增加，需要通过火炬放空，以免压力过高。

③ 温度控制：温度的控制是反应系统的关键，尤其是反应条件比较苛刻的反应过程。

④ 液位控制：反应器内液位需要严格控制，一般控制在 70% 左右。

(3) 停车操作

首先停止进反应物料、催化剂，继续加入溶剂，并维持反应系统继续运行；当化学反应停止后，不再进料，出料；停止搅拌和其他动力设备；用氮气置换合格后进行检修。

3.1.5.2　反应器的维护

① 反应器维护

a. 设备的生产能力达到规定的 90% 左右。

b. 带压釜的压力在操作压力范围内。

c. 设备运转正常，无噪声和振动。

d. 减速机温度正常，轴承温度符合规定。

e. 转动部位润滑良好、灵敏度好，润滑油符合规定，油位正常。

f. 设备密封良好，无泄漏。

② 技术资料完整，便于查阅。

3.1.5.3　常用反应器的操作技能

由于反应器的种类繁多，而且不同产品的反应原理、生产工艺也不相同，所以各自操作方式也不尽相同。现以两种常用的反应器为例进行操作技能说明。

(1) 搅拌釜式反应器

① 开车操作

a. 通入氮气对聚合系统进行试漏，氮气置换。检查转动设备的润滑情况。

b. 投运冷却水、蒸汽、热水、氮气、工厂风、仪表风、润滑油、密封油等系统。

c. 投运仪表、电气、安全连锁系统；往反应釜中加入反应物料和溶剂；当釜内液体淹没最低一层搅拌叶后，启动聚合釜搅拌器，继续往釜内加入原料或溶剂，直到达正常料位为止。

d. 当温度达到工艺要求的某一规定值时，往釜内加催化剂、溶剂和其他助剂，同时控制反应温度、压力和釜中料液的位置等工艺指标，使之达正常值。

② 正常操作时主要工艺指标控制

搅拌釜式反应器的生产过程示意图见图 3-12。

a. 反应温度的控制　控制好反应温度对于反应系统操作是最关键的，对于反应温度的控制一般有三种方法。

(a) 通过夹套冷却水换热法。

(b) 气相外循环撒热法，如图 3-12 所示，循环风机 C、气相换热器 E_1 和聚合釜组成气相外循环系统，通过气相换热器 E_1 能够调节循环气体的温度，并使其中的易冷凝气相冷凝，冷凝液流回反应聚合釜，从而达到控制反应聚合温度的目的。

(c) 浆液循环泵 P、浆液换热器 E_2 和聚合釜组成浆液外循环系统，通过浆液换热器 E_2 能够调节循环浆液的温度，从而达到控制反应聚合温度的目的。

b. 反应釜压力　在反应温度恒定的情况下，对反应釜压力的控制根据反应体系的相态不同而采用相应的方法。

(a) 反应体系为气相时，主要通过原料和催化剂的加料量来控制。

(b) 反应物料为液相时，反应釜压力主要取决于原料的蒸气分压，即反应温度。

(c) 反应釜气相中，不凝的惰性气体的含量过高是造成反应釜压力超高的原因之一，此时需放火炬，以降低釜内的压力。

c. 反应釜液位控制　反应釜液位应该严格控制，料位控制过低，产率低；料位控制过高，甚至满釜，就会造成聚合浆液进入换热器、风机等设备中造成事故。一般反应釜液位控制在 70% 左右。对于连续式操作是通过出料速率来控制的，所以必须有自动液位控制系统，以确保釜液准确控制。

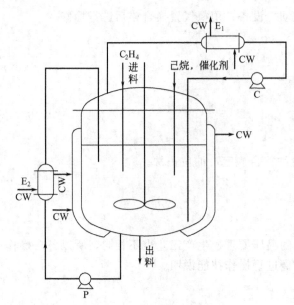

图 3-12　搅拌釜式反应器的生产过程示意图
C—循环风机；E_1、E_2—换热器；
P—浆液循环泵；CW—冷却水

来很可能引起爆炸、着火、中毒等事故，所以必须确保系统无泄漏。首先通入压力为 0.1MPa 的氮气对系统进行初步试漏，用肥皂水进行查漏，一旦发现漏点立即进行消除。初步试漏完毕后，继续通入氮气，使系统内的压力升至操作压力，再次进行试漏。

b. 开车操作

（a）试漏合格后，对系统氮气进行置换。

（b）置换合格后，将氮气放空，系统保持微正压。

（c）打开换热器的循环水，检查设备的润滑油系统、密封油系统，检查相应的公用工程系统、电气系统、仪表系统、安全连锁系统等，确认正常后，启动循环气风机进行循环。

（d）往流化床反应器中加入一定量的种子粉料，建立流化床层。

（e）加热，并加入反应物料使反应釜升压。当系统温度、压力达到某一规定值后，向釜内加入原料、催化剂和反应助剂，控制反应的温度、压力、循环气风量和釜内液位等工艺指标，使之达到正常。

② 正常操作时主要工艺指标控制

流化床反应器生产过程示意图见图 3-13。

a. 反应温度的控制　流化床反应器床层温度的控制一般是通过调节换热器 E_1（图 3-

d. 反应浆液浓度控制　浆液过浓，会使搅拌器电机电流过高，引起超负载跳闸、停转，造成釜内聚合物结块，甚至引发"飞温"、"爆聚"等事故。反应浆液浓度控制主要是通过催化剂加入量来调节。

③ 停车操作　停车操作必须严格执行操作程序。

④ 常见事故处理　发生反应温度失控时，应立即停进原料和催化剂，增加溶剂进料量，加大循环冷却水量，紧急放火炬泄压，向后序系统排放反应浆液。

搅拌停止是发生"爆聚"事故的主要原因之一，所以当搅拌停止时，需及时采取相应的措施。

(2) 流化床反应器

① 试漏与开车操作

a. 试漏　由于反应原料聚合单体多为易燃、易爆、有毒的有机物，一旦泄露出

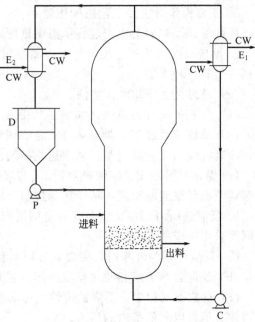

图 3-13　流化床反应器
生产过程示意图
E_1、E_2—换热器；D—冷凝液罐；
C—循环气风机；P—冷凝液进料泵；CW—冷却水

13) 中循环气体的温度来实施的。

b. 反应压力的控制　反应釜的压力是通过原料的流量进行控制的。当加入的原料量大于反应量，釜内压力将升高；反之则降低。

c. 循环气风量　循环气风量一般是通过调节循环气风机的驱动电机的转速来实施的。循环气流量是操作流化床反应器的关键指标，循环气流量过小会造成床层流化不起来，导致"死床"现象，进而导致反应热消除不及时，发生熔融结块事故，此时必须停车，打开反应器进行清理。若循环气流量太大，可将物料吹入换热器 E_1、循环气风机 C（图 3-13）和分布板下，造成事故。

d. 流化床床层高度控制　流化床床层高度（即反应器的料位）是通过排料速度来控制的。料位控制过高，容易引起循环气吹不动，床层流化效果不好，甚至造成"死床"现象，引发重大事故。料位控制过低，产量将急剧下降，同时还容易引起物料被吹走，造成事故。

③ 停车操作　停车操作必须严格执行操作程序。

④ 常见事故处理　当系统发生故障，导致温度、循环气风量、料位等主要工艺指标无法控制时，必须及时、果断地停加催化剂，同时加大循环冷却水流量，降低料位，以及采取其他相应处理措施。

3.2　安全生产和"三废"防治

3.2.1　安全生产

3.2.1.1　安全生产的重要性

对于生产企业，生产必须安全。安全生产的实施，需要有一整套的安全管理制度，否则将对企业财产和人员生命构成潜在危险。在化学制药生产过程中，存在着许多不安全因素，如着火、爆炸、中毒、灼伤等。如果管理和操作有所疏忽，就可能造成重大事故。因此在生产过程中既要考虑生产的合理性，同时还要考虑生产的安全性，以保证安全生产。

3.2.1.2　安全生产常识

（1）化学危险品的定义与分类

化学危险品是指具有爆炸、燃烧、毒害、腐蚀、放射性等性质，在市场、运输、装卸和保管中，容易造成人身伤亡和财产损失，从而需要特别防护的化学物质。

目前化学危险品的分类主要有两种：一种是按照 2002 年 3 月 15 日实施的《危险化学品安全管理条例》，将化学危险品分为爆炸品、压缩气体和液化气体、易燃液体、易燃固体、自燃物品和遇湿易燃物品、氧化剂和有机过氧化物、有毒品和腐蚀品。另一种是按照 2000 年版的《国际海运危险货物规则》，将化学危险品分为爆炸品、压缩气体和液化气体、自燃物品和遇湿易燃物品、氧化剂和有机过氧化物、毒害品和感染物品、放射性物品、腐蚀品、杂类。

（2）化学品危险性分级标准

化学工作场所安全危险性分级是根据化学品的燃烧危险性、对人员身体的危害性、化学品的反应活性 3 方面来考虑进行分级的。均分为 5 个等级。

① 按化学品对人体健康危害的程度将其分为剧毒、高毒、中等毒性、低毒、无毒。

4 级：剧毒，短期接触后可能引起死亡或严重伤害的化学品。

3 级：高毒，短期接触后可能引起严重的暂时性或永久性伤害和致癌性的化学品。

2 级：中等毒性，短期接触或高浓度接触可以引起暂时性伤害和长期接触可导致较为严重伤害的化学品。

1 级：低毒，短期接触可引起刺激但不造成永久性伤害和长期接触能造成不良影响的化学品。

0 级：无毒，长期接触基本上不造成危害的化学品。

② 按化学品燃烧危险程度分为极易燃烧、高度燃烧、易燃、可燃、不燃。

4 级：极易燃烧，常温常压下迅速气化，并能在空气中迅速扩散而燃烧。

3 级：高度燃烧，在常温常压下能迅速燃烧的化学品。

2 级：易燃，在引燃时需要适当加热或接触高温时才能燃烧的化学品。

1 级：可燃，引燃前需要预加热的化学品。

0 级：不燃，接触 815℃的高温 5min 内不能燃烧的化学品。

③ 按化学品反应活性分为极不稳定、很不稳定、不稳定、较稳定、稳定。

4 级：极不稳定，常温常压下自身能迅速发生爆轰、爆炸性分解或爆炸性反应，包括常温常压下对局部受热和机械撞击敏感的化学品。

3 级：很不稳定，在强引发源或在引发前需要加热条件下能发生爆轰、爆炸性分解或反应的化学品。

2 级：不稳定，在加热或加压的条件下能发生剧烈化学变化的化学品。

1 级：较稳定，常温常压下稳定，但受热或加压时不稳定的化学品。

0 级：稳定，常温常压下甚至着火的条件下也稳定的化学品。

3.2.1.3　安全生产的几种防护措施

(1) 防毒措施

① 组织管理措施　建立与健全有关防毒管理制度，认真贯彻执行国家"安全第一，预防为主"的安全生产方针，做到实处工作和安全工作"五同时"，即同时计划、布置、检查、总结、评比生产。对于新建、改建和扩建项目，防毒技术措施要执行"三同时"的原则，即同时设计、施工、投产。

② 防毒技术措施

a. 以无毒、低毒的原材料代替有毒、高毒原材料。

b. 生产装置实现密封化、管道化和机械化。

c. 将有毒有害的气体净化回收。

d. 采取隔离操作和自动控制。

e. 采取通风排毒。

③ 个人防护措施　个人防护措施等级共分 9 个级别。通常情况下，在接触化学危险品时均需要穿防护服，戴防护手套和防护面具等。所以个人防护措施就其作用可以分为皮肤防护和呼吸防护两个方面。

(2) 防火防爆措施

① 严格管理生产过程中的各类明火。

② 避免摩擦撞击产生火花和达到危险温度。

③ 消除电火花和达到危险温度。

3.2.1.4　压力容器的安全措施

(1) 压力容器的分类

所有能承受压力的密封容器均可以称为压力容器，分类的方法很多。

① 按承受的压力分，根据"压力容器安全监察规程"的规定，按压力容器的设计压力

分为：低压 $p=0.1\sim1.6$MPa，中压 $p=1.6\sim10$MPa，高压 $p=9.8\sim98$MPa，超高压 $p\geq98$MPa，$p\leq0.1$MPa 的为常压容器。

对于特殊容器，如气瓶，工作压力 $p\geq12.5$MPa 为高压气瓶，工作压力 $p\leq12.5$MPa 为中低压气瓶。

② 按作用原理分，压力容器可以分为反应压力容器、换热压力容器、分离压力容器和储存压力容器。

③ 按类别分，根据"压力容器安全监察规程"的规定，按照容器压力的高低、介质危害程度以及在生产中的主要作用，加工规程使用范围的压力容器分为三类。

一类容器：属于下列情况之一的为一类容器，即非易燃或无毒介质的低压容器；易燃或有毒介质的低压分离容器和换热容器。

二类容器：属于下列情况之一的为二类容器，即中压容器；易燃或有毒介质的低压反应容器和储运容器；内径小于 1m 的低压废热锅炉；剧毒介质的低压容器；搪瓷玻璃压力容器。

三类容器：属于下列情况之一的为三类容器，即剧毒介质的中压容器或剧毒介质且 $pV=10$MPa·m³ 的低压容器；易燃或有毒介质的且 $pV=0.5$MPa·m³ 的中压反应容器或 $pV=10$MPa·m³ 的中压储运容器；中压废热锅炉或内径大于 1m 的废热低压锅炉；高压、超高压容器。

（2）压力容器的安全装置

压力容器的安全附件是为了防止容器超温、超压和超负荷而安装在设备上的一种安全装置。压力容器的安全装置很多，常见的有安全阀、压力表和爆破片等。

① 安全阀　安全阀的作用是当容器内的压力超过允许工作压力时，阀门可以自动开启同时报警，然后全开，以防止容器内压力继续升高；当压力降至正常工作压力后，安全阀将自动关闭，从而保护设备在正常的工作压力下安全运行。在正常工作时，安全阀应该严密不泄漏。

a. 安全阀的种类　常见的安全阀有杠杆式和弹簧式。

（a）杠杆式安全阀　杠杆式安全阀主要由阀芯、阀座、杠杆和重锤等部分组成（图 3-14）。

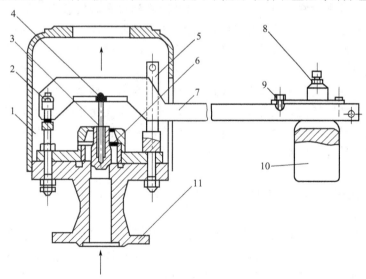

图 3-14　杠杆式安全阀

1—阀罩；2—支点；3—阀杆；4—力点；5—导架；6—阀芯；7—杠杆；8—固定螺丝；9—调整螺丝；10—重锤；11—阀座

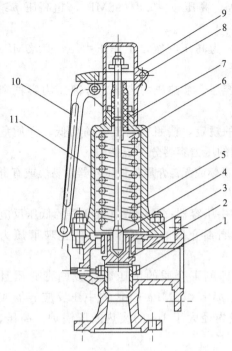

图 3-15　弹簧式安全阀

1—阀座；2—阀芯；3—阀盖；4—阀杆；
5—弹簧；6—弹簧压盖；7—调整螺丝；
8—销子；9—阀帽；10—手柄；11—阀体

杠杆式安全阀的工作原理是利用重锤的重量通过杠杆的作用，将阀芯紧压在阀座上，使压力容器内的压力保持在一定的工作范围内。当容器内的压力超过了重锤作用在阀芯上的压力时，阀芯将被顶出而离开阀座，气体从排出口排出。

（b）弹簧式安全阀　弹簧式安全阀主要由阀座、阀芯、阀杆、弹簧、调整螺丝等部件组成（图3-15）。

弹簧式安全阀的工作原理是利用弹簧的力量将阀芯压在阀座上，使容器内的压力保持在允许工作范围内。弹簧的力量是通过拧紧或放松调整螺丝夹来调节的。当气体压力超过了弹簧作用在阀芯上部的压力时，弹簧被压缩，阀芯和阀杆将被顶起而离开阀座，气体从排出口排出。

b. 安全阀的选择　在选用安全阀时，关键问题是要注意它的排量必须大于锅炉的最大蒸发量或者压力容器的安全泄放量。其次要考虑压力容器的工艺条件和工作介质的特性。一般容器可以选择弹簧式安全阀；压力较低而又没有震动的容器可以选择杠杆式安全阀；如果容器内的工作介质是易燃、有毒或其他污染大气的气体，应选择封闭式安全阀；高压容器以及安全泄放量较低的中、低压容器，可以选择全开式安全阀。但全开式安全阀的回座压力较低，通常比大气正常工作压力低一点，所以对于压力波动不大的容器不宜采用。

c. 安全阀的安装　安全阀能否正常工作与其安装是否正确有很大的关系，如果安装不当，可能导致意外事故。一般安全阀应该安装在压力容器本体或锅炉筒、集箱的最高位置上，同时还要考虑日常检修和维护的方便，以及能听到安全阀报警声。液化气储罐的安全阀必须装在其气相部位。如果安全阀需要用短管与压力容器相连，则短管的直径不得小于安全阀的进口直径。当两个以上的安全阀共用一个排放管时，则排放管的截面积要大于所有安全阀出口截面积的总和。

安全阀与压力容器之间不得安装阀门，但对于储存易燃易爆或黏性介质的压力容器，为了便于安全阀的更换和清洗，可以装有截止阀，该截止阀在使用时应全开并加铅封。

安全阀在安装时，必须将其阀杆严格地保持在垂直位置上。弹簧式安全阀最好也保持垂直安装。安全阀与其连接管路上的连接螺栓必须均匀地拧紧，以免产生附加应力，妨碍安全阀正常工作。

d. 安全阀的使用　安全阀在使用前，以及在压力容器定期检查时，要进行耐压试验和气密性试验，并进行校正调整。

安全阀在使用时要注意日常维护管理，保持表面清洁，以免粘连、堵塞和锈蚀；保持良好的灵敏度。所以锅炉上的安全阀，或介质为空气、蒸汽以及其他惰性气体等无害气体的压力容器上的安全阀，应定期做手动排气。安全阀如果有泄漏，应及时检修或更换，严禁用加大载荷方法来消除泄漏。

② 爆破片（防爆膜、防爆片）　是一种破裂式的安全泄压装置，它是利用膜片的破裂

来达到泄压的目的，泄压后不能继续使用，压力容器将被迫停止运行。所以爆破片适用于泄压可能性小，而且不易使用安全阀的压力容器上。它既可以作为主要的泄压装置单独使用，也可以作为辅助泄压装置与安全阀联合使用。

爆破片是一种很薄的膜片，安装时需要一种特殊的管法兰夹持着装入容器的引入管中，或将膜片与密封垫片一起接入管法兰内。爆破片在安装时，首先要检查爆破片表面及夹持压紧面不得有损伤，表面保持清洁。其次用力要均匀，爆破片夹偏和不均匀夹紧，将会严重影响爆破片的爆破压力。另外爆破片的安装方向与其型式有关。

安装后的爆破片要定期检查其表面有无伤痕和腐蚀，是否有明显的变形和结垢。此外还要检查排放管是否畅通、有无腐蚀和支撑面是否牢固。当设备大修时和设备超压而未爆破的爆破片，以及正常运转中有明显划痕的爆破片应及时更换。

③ 易熔合金塞　是压力容器或气瓶的安全附件之一。它属于熔化型的泄压装置，主要用于防止容器因为温度较高而发生超压。如果发生火灾等事故，当温度升高时，塞内合金当即熔化，从而泄压，达到保证容器安全使用的目的。

这类安全泄压装置的泄压面积不大，所以只能安装在泄放量比较小的压力容器上，一般常用于某些液化气瓶。易熔合金塞能否安装在液化气瓶上，需要按照"气瓶安全监督规程"以及气瓶内介质的性质确定。

④ 压力表　是用来测量承压容器压力的仪表。当压力表指示在工作范围时，表示压力容器压力正常。所以压力表的准确直接关系到承压容器的安全。

压力表应安装在光线充足便于观察、没有震动、不受高温辐射和低温冷冻的地方。压力表与容器之间应装有三通旋塞或针形阀，并有开启标志，以便于校对和更换。指示蒸汽压力的压力表，在压力表与容器之间有存水弯管。装有高温、强腐蚀性介质的容器，在压力表与容器之间有隔离缓冲装置。

压力表表盘直径一般不小于 100mm，压力表的精度是以压力表的允许误差占表盘刻度极限值的百分数来表示的。例如精度为 1.5 级的压力表，其允许误差为表盘刻度极限值的1.5%。精度级别一般都标在表盘上。

压力表在选用时一般其量程是最高工作压力的 1.5～3.0 倍。

压力表在使用过程中应该保持表面清洁光滑，表内指示的压力值清楚可见。要经常检查压力表指示针的转动与波动是否正常，并定期校验。不合格的压力表一定要及时更换。

压力表的连接管要定期吹洗，以免堵塞。检查连接管的旋塞是否处于全开状态。

3.2.2　"三废"防治

在制药工业中也同样有"三废"产生。"三废"是指废气、废水、固体废物。作为影响环境质量的生产企业，必须对产生的"三废"进行治理，以减小对环境的影响。

3.2.2.1　环境污染概述

（1）药物生产中的"三废"

① 废气　制药工业中的废气主要有：源于固体原料的运送、粉碎及成品的分装等操作环节的含尘废气；来自供气、供热系统的燃料燃烧排出的废气，其中还有一定量的粉尘和 SO_2 等污染物。

② 废水　制药工业中的废水主要来自于合成药物生产废水、抗生素生产废水、生产设备和包装容器的洗涤水、生产场地的地面清洁废水以及冷却水等。其废水的特点是成分复杂、有机物含量高、毒性大、色度深和含盐量高，特别是生化性很差，且间歇排放，属难处

理的工业废水。

③ 固体废物 制药工业中的固体废物主要来自于供热系统等产生的燃料废渣、破损的容器、裁切后的 PVC 边角料、报废的药品，以及某些生产过程中产生的废活性炭、催化剂等。

(2)"三废"防治的方针和政策

中国政府历来重视环境法制工作，目前已经形成了以《中华人民共和国宪法》为基础，以《中华人民共和国环境保护法》为主体的环境保护体系。《中华人民共和国宪法》规定："国家保护和改善生活环境和生态环境，防止污染和其他公害。""国家保障自然资源的合理利用，保护珍贵动物和植物。禁止任何组织或者个人用任何手段侵占或者破坏自然资源。"

在此基本国策的基础上，先后颁发了《环境保护法》、《大气污染防治法》、《水污染防治法》、《海洋环境保护法》、《固体废物污染环境防治法》、《环境噪声污染防治法》，以及与各种法规相配套的行政、经济法规和环境保护标准，形成了一套完整的环境保护法律体系。具体体现在以下几个主要方面。

三大政策：预防为主防治结合、谁污染谁治理、强化环境管理。

"三同时"制度：要求新建、改建和扩建项目，防治污染的措施必须同主体工程同时设计、同时施工、同时投产。

排污收费制度：以经济手段来加强对环境管理的一项制度。

环境保护目标责任制：规定各级政府领导人在当地环境质量改善方面，在自己任期内要达到的环境目标。

污染集中控制制度：由社会为污染治理提供有偿服务。

3.2.2.2 药厂废水处理基本概念

(1) 药厂废水的来源和控制指标

主要有废母液、蒸馏残液、废气吸收液等。在国家《污水综合排放标准》中，按污染物对人体健康的影响程度，将污染物分为两类。

第一类污染物：指能在环境或生物体内积累，对人体健康产生长远不良影响的污染物。《国家污水综合排放标准》中规定了 9 种。含有这一类污染物的废水，不分行业和排放方式，也不分受纳水体的功能差别，一律在车间或车间处理设备的排出口取样。第一类污染物最高允许排放浓度见表 3-2。

表 3-2 第一类污染物最高允许排放浓度 mg/L

序号	污染物	最高允许排放浓度	序号	污染物	最高允许排放浓度
1	总汞	0.05	6	总砷	0.5
2	烷基汞	不得检出	7	总铅	1.0
3	总镉	0.1	8	总镍	1.0
4	总铬	1.5	9	苯并[a]芘	0.00003
5	六价铬	0.5			

第二类污染物：指其长远影响小于第一类污染物。在国家《污水综合排放标准》中有对 pH、化学需氧量、生化需氧量、色度、悬浮物、石油类、挥发性酚类、氰化物、硫化物、氟化物、硝基苯类、胺类等要求。含有这一类污染物的废水在排污单位排污口取样，根据受纳水体的不同，接受不同的排放标准。第二类污染物最高允许排放浓度见《污水综合排放标准》(GB 8978—1996)。

(2) 水质标准

出于保护人体健康、保护环境质量和维持生态平衡的目的，对有关的各项水质要素提出限量阈值（即最高或最低允许浓度）要求。水质标准就是对水质指标做出定量规范。

① 用水水质标准　我国主要有《生活饮用水卫生标准》（GB 5749—85）、《生活杂水水质标准》（CJ 25.1—89）、《农田灌溉水质标准》（GB 5084—85）。

② 污水排放标准　主要有《污水综合排放标准》（GB 8978—1996）。

(3) 水体中的污染物分类

水体中的污染物按其种类和性质一般可分为四大类，即无机无毒物、无机有毒物、有机无毒物和有机有毒物。此外对水体造成污染的还有放射性物质、生物污染物质和热污染等。

① 无机无毒物　污水中的无机无毒物一般可以分为三种类型，第一类是属于砂粒、矿渣类的颗粒状物质；第二类是属于酸、碱无机盐类；第三类是属于氮、磷等植物营养类物质。

② 无机有毒物　无机有毒物一般可以分为两类，一类是毒性作用快，容易被人们所发现；另一类是食物在人体内逐渐富集，达到一定浓度后才能被人们所发现。

a. 非重金属无机有毒物

(a) 氰化物　水体中的氰化物主要来源于电镀废水、焦炉和高炉煤气洗涤冷却水、化工厂的含氰废水以及金、银选矿的废水等。有机氰化物称为腈，是化工产品的原料，其毒性与无机氰化物同样强烈。我国饮用水标准规定，氰化物含量不得超过 0.05mg/L；农业灌溉水质标准为不大于 0.5mg/L。

(b) 砷（As）　砷是常见的污染物之一，对人体的危害也很大。工业废水中以冶金和化工行业排放的废水中含砷量较高。砷属于积累性中毒物质，我国饮用水标准规定，砷含量不应大于 0.04mg/L；农田灌溉用水砷含量不得大于 0.05mg/L；渔业用水不超过 0.1mg/L。

b. 重金属有毒物　水体中的重金属污染一般是因为化石燃料的燃烧、采矿和冶金等行业的"三废"向环境中排污所造成的。

重金属污染物在水体中不能被微生物所降解，只能是各种形态之间的相互转化以及分散和富集，这个过程称为重金属的迁移，它与沉淀、络合、螯合、吸附和氧化还原等作用有关。

重金属在水中可以以化合物或离子的形态存在，溶剂度较小。由于重金属离子带正电，所以易被水中带负电的胶体颗粒所吸附，并且很快沉积下来，所以重金属一般都富集在排放水出口下游一定范围内的底泥中。

③ 有机无毒物（需氧有机物）　这类物质一般多属于碳水化合物、蛋白质、脂肪等天然生成的有机物，易于生物降解而转化为稳定的无机物。在有氧条件下，在好氧微生物的作用下进行转化，这一过程进行较快，降解物质一般为水和二氧化碳等稳定的无机物。在无氧条件下，则在厌氧菌的作用下进行转化，这一过程一般进行得较为缓慢。当水体中有机物的浓度较高时，微生物需消耗大量的氧，这样会导致水中氧含量急剧下降，造成鱼类和水中微生物的死亡。

④ 有机有毒物　这一类物质多属于人工合成的有机物质，如含有机氯农药、醛、酮、酚等，以及聚氯联苯、芳香族氨基化合物、高分子合成聚合物、燃料等。水体中的有机有毒物主要来源于石油化工的合成生产过程，以及有关的化工产品在使用过程中排放的污水。其中污染广泛、引起人们普遍注意的是多氯联苯（PCB）和有机氯农药。

⑤ 其他污染物　近年来，随着石油的开采和利用，石油极其油类制品对水体的污染也越来越突出。石油在开采、储运、炼制和使用过程中排出的废油和含油废水使水体受到污

染。另外随着科学技术的发展，新型能源的开发和利用，也加重了对环境的污染，如放射性物质、热污染等。

（4）水污染指标

污水和受纳水体的物理、化学、生物等方面的特征是通过水污染指标来表示的。水污染指标是控制和掌握污水处理设备的处理效果和运行状态的重要依据。关于水污染指标的检测方法，各国都有明确的规定，检测时应按规定的方法或公认的通用方法进行。主要的水污染指标简述如下。

① 生化需氧量（BOD）　生化需氧量（BOD）表示在有氧条件下，好氧微生物氧化分解单位体积水中有机物所消耗的游离氧的数量，常用单位是毫克/升（mg/L）。

一般有机物在微生物的新陈代谢作用下，其降解过程可以分为两个阶段，第一阶段是有机物转化为二氧化碳、氨和水的过程。第二阶段是氨进一步在亚硝化菌和硝化菌的作用下转化为亚硝酸盐和硝酸盐，即硝化过程。因为氨已是无机物，所以污水的生化需氧量一般是指有机物在第一阶段生化反应所需要的氧量。微生物对有机物的降解活动与温度有关，一般适宜的温度是 $15\sim30℃$，所以在测定生化需氧量时一般选择 $20℃$ 为标准温度。

在 $20℃$ 和在 BOD 的测定条件下（氧充足，不搅动），一般有机物 20 天左右才能基本上完成第一阶段的氧化分解过程（约为全过程的 99%），这在实际工作中是难以做到的。为此又规定了一个标准时间，一般以 5 日作为测定 BOD 的标准时间，因而称为五日生化需氧量，以 BOD_5 表示，一般 BOD_5 为 BOD_{20} 的 70% 左右。

② 化学需氧量（COD）　用强氧化剂重铬酸钾，在酸性条件下能够将有机物氧化为水和二氧化碳，此时所测出的耗氧量称为化学需氧量（COD）。COD 能够比较精确地表示有机物的含量，而且测定需时短，不受水质的限制，因此常作为工业废水的污染指标。

用另一种氧化剂高锰酸钾，也能够将有机物氧化，测出的耗氧量较 COD 低，称为耗氧量，用 OC 表示。

③ 总需氧量（TOD）　有机物主要是由碳、氢、氮、硫等元素所组成，当有机物完全被氧化时，C、H、N、S 分别被氧化成二氧化碳、水、一氧化氮和二氧化硫，此时的需氧量称为总需氧量。

④ 总有机碳（TOC）　总有机碳表示的是污水中有机污染物的总含碳量。

⑤ 悬浮物　悬浮物是通过过滤法测定的，滤后滤膜或滤纸上截留下来的物质即为悬浮固体，它包括了部分胶体物质，单位为毫克/升（mg/L）。

⑥ 有毒物质　有毒物质是指达到一定的浓度后，对人体健康、水生物的生长造成危害的物质。这类物质的含量是污水排放、水体监测和污水处理中的重要指标。由于有毒物质种类繁多，因此需要监测哪些物质，可视具体情况而定。其中，重金属的氰化物和砷化物，以及重金属中的汞、镉、铬、铅，是国际上公认的六大毒物。

⑦ pH 值　pH 值是反映水的酸碱性强弱的重要指标。它的测定和控制，对维护污水处理设备的正常运行，防止污水处理设备的腐蚀，保护水生物的生长和水体自净化功能都有着实际的意义。

⑧ 大肠菌群数　大肠菌群数是指单位体积水中所含有的大肠菌群的数目，单位为个/（个/L），是常用的细菌学指标，一般情况下属于非致病菌，如果在水中测出大肠菌数，则表明水被粪便所污染。

3.2.2.3　废水处理方法

废水处理的任务，就是采用必要的处理方法和处理流程，将废水中的污染物质分离出来，或将其转换成无害的物质，从而使废水得以净化。

由于污染物是多种多样的，只用一种方法处理往往不能达到将污染物全部去除的目的，因此通常要采用几种方法组成的处理系统或处理流程，流程中的每一部分都起着不同的作用，使废水达到处理的要求。

(1) 按处理的任务和处理的程度的不同，可分为一级、二级和三级处理

① 一级处理（预处理）　一级处理主要是处理水中的漂浮物质和悬浮物质，调整 pH 值，减轻后续处理工艺的负荷。一级处理大多采用物理的方法，如沉降、上浮、预曝气等，有时也采用化学处理。经过一级处理的废水，只去除少量的 BOD，一般达不到排放标准，还必须进行二级处理。但有些废水经过一级处理后，可以出水排放或灌溉农田。

② 二级处理　二级处理用于对出水水质要求较高的场合，其主要任务是去除废水中的呈胶体和溶解状态的有机物，BOD_5 去除率可达 90％以上，处理后 BOD_5 可降到 20～30mg/L。二级处理主要采用的是生物法，广泛采用的是活性污泥法与生物膜法。此外也有研究采用化学法或物理化学法作为二级处理工艺。一般情况下，废水经过二级处理后可以达到规定的排放标准。

③ 三级处理　三级处理是一种净化要求较高的处理，所以又称为废水高级处理或深度处理。主要是进一步去除二级处理所未能除去的污染物，其中包括微生物未能降解的有机物和磷、氮等会导致水体富氧化的可溶性无机物等。三级处理的方法很多，如生物法脱氮除磷、化学凝聚法、过滤、臭氧氧化、离子交换、电渗析、反渗透等。

废水处理流程的组合，一般是先易后难，先简后繁，即先除去大块垃圾和漂浮物，再除去悬浮物、胶体物和溶解性物质。即先使用物理法，再使用化学法和生物法。对于某种废水，采用由哪几种处理方法组合成处理流程要根据废水的水质、水量、回收其中有用物质的可能性和经济性、排放水体的要求等诸多因素决定。

(2) 废水处理的基本方法

① 废水的常用处理方法（表 3-3）

表 3-3　制药废水处理方法分类

基本方法	基 本 原 理	单 元 技 术
物理法	物理或机械的分离过程	过滤,沉淀,离心分离,上浮等
化学法	加入化学物质与污水中有害物质发生化学反应的转化过程	中和,氧化,还原,分解,混凝,化学沉淀等
物理化学法	物理化学的分离过程	气提,吹脱,吸附,萃取,离子交换,电解,电渗析,反渗透等
生物处理法	微生物在污水中对有机物进行氧化、分解的新陈代谢过程	活性污泥,生物滤池,生物转盘,氧化塘,厌气消化等

a. 物理法　又称机械处理，主要用来分离水中大量的固体杂物、杂质，从废水中回收有用物质。

b. 化学法　主要是分离废水中的胶体物质和溶解物质，回收其中有用成分、降低废水中的酸碱度、去除金属离子、氧化某些有机物。

c. 物理化学法　主要是分离废水中的溶解物质，回收其中的有用成分，使废水得到深度处理。物理化学处理的工艺选择取决于废水水质、排放或回收利用的水质要求、处理费用等。

d. 生物处理法　生物处理法主要是通过自然界广泛存在的微生物的新陈代谢作用，将废水中的有机物氧化分解为稳定的无机物，以除去污水中悬浮状态、胶体状态以及溶解的有机污染物质的一种方法。按处理过程中有无氧气的参与，又分为好氧生物处理法和厌氧生物处理法。

好氧生物处理又分为活性污泥法和生物膜法。活性污泥法是利用悬浮于水中的微生物群使有机物质氧化分解；生物膜法是利用附着于载体上的微生物群进行处理。此外还有利用藻菌共生系统净化污水的氧化塘法，以及利用土地自净化能力净化污水的土地处理法。

化学制药过程中产生的废水种类繁多，成分复杂，常采用生物处理与其他处理方法进行组合处理。

② 废水的生物处理法

a. 废水的好氧生物处理法　有氧条件下利用好氧微生物的代谢过程，将有机物转化为 CO_2、NH_3、H_2O、PO_4^{2-}、SO_4^{2-}。

（a）活性污泥法　将污水置于通气或搅拌的曝气池中，与活性污泥接触，由于活性污泥中微生物的作用，可将污水中的有机物分解为 CO_2、水及其他无机盐类（图 3-16）。

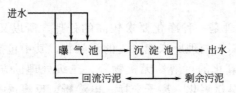

图 3-16　活性污泥法流程图

活性污泥法流程共分为如下六个组成部分。

ⅰ. 发生需氧生物氧化过程的反应器，即曝气池。

ⅱ. 向反应器混合液中分散空气或纯氧，空气或氧气以加压或常压进入混合液中。

ⅲ. 对反应器中液体进行混合的设备或手段。

ⅳ. 对混合液进行固-液分离的沉淀池，把混合液分成沉淀的生物固体和经处理后的废水两部分。

ⅴ. 收集沉淀池的沉淀固体并回流到反应器的设备。

ⅵ. 从系统中废弃一部分生物固体的手段。

影响活性污泥净化废水的因素主要有以下几个方面。

ⅰ. 溶解氧：活性污泥净化中溶解氧浓度应保持在 2mg/L 左右。

ⅱ. 水温：温度是影响微生物正常活动的重要因素之一。活性污泥法最适宜的温度是 15～30℃。

ⅲ. 营养物质：废水中应含有足够的微生物合成所需的各种营养物质，如碳、氧、氮、磷等。

ⅳ. pH 值：活性污泥最适宜的 pH 值介于 6.5～8.5。

（b）生物膜法　滤料或某种载体在污水中经过一段时间后，会在其表面形成一种膜状污泥，这种膜状污泥称为生物膜。生物膜呈蓬松的絮状结构，表面积大，具有很强的吸附能力。与活性污泥法的区别在于生物膜法是微生物以膜的形式或固定或附着生长于固体填料的表面，而活性污泥法则是活性污泥以絮状体方式悬浮生长于处理构筑物中。

生物膜法流程图如图 3-17。

b. 废水的厌氧生物处理法　在无氧条件下，利用厌氧菌的代谢，使废水中的有机物转变成简单有机物和无机物的处理过程。

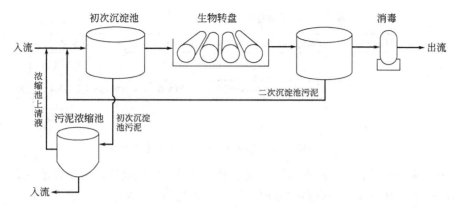

图 3-17　生物膜法流程图

优点：低能耗，可回收生物能源（沼气）；每去除单位质量底物产生的微生物（污泥）量少；处理过程不需要氧气，所以不受传氧能力的限制，因此具有较高的有机物负荷的潜力。

缺点：处理后出水的 COD、BOD 值较高，对环境条件要求苛刻，周期长并产生恶臭。

有机物在厌氧条件下的降解过程分为三个反应阶段：第一阶段是废水中的可溶性大分子有机物和不溶性有机物水解为可溶性小分子有机物；第二阶段为产酸和脱氢阶段，厌氧菌把存在于废水中的复杂有机物转化成有机酸、醇类等及 CO_2、NH_3、H_2S 等无机物；第三阶段为产甲烷阶段，甲烷菌将小分子有机物分解成甲烷和 CO_2、H_2O 等。

厌氧处理后废水中残留的 COD 值较高，一般达不到排放标准，所以厌氧处理单元的出水在排放前还要进行好氧处理。流程见图 3-18。

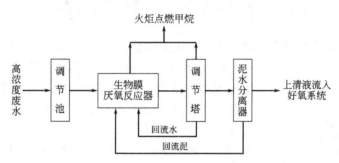

图 3-18　厌氧生物处理法流程图

(3) 化学制药废水处理实例

化学合成类药物品种繁多，生产工艺路线一般较长，在生产过程中有多个化工单元过程，每个化工单元过程均可能产生废水。同时这一类废水一般含有种类繁多的有机物、金属以及废酸碱等，COD 浓度高，水质水量变化较大，大多含有生物难降解物和微生物生长抑制剂。如某合成药厂主要产品有扑热息痛（对乙酰氨基酚），每天排放的废水 $800 \sim 1000 m^3$，$BOD1200 \sim 3500mg/L$，$COD4000 \sim 8000mg/L$，废水处理工艺流程见图 3-19。

处理效果：进水 COD 6500mg/L，沉淀出水 COD 180mg/L。生物炭出水回用于冷却水和冲洗用水。

3.2.2.4　药厂废气治理

药厂排出的废气一般分为三类，即含尘（固体悬浮物）废气、含无机物废气和含有机物

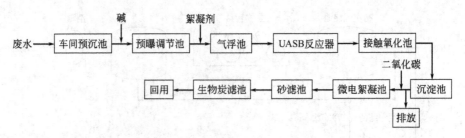

图 3-19 扑热息痛（对乙酰氨基酚）生产废水处理流程图

废气。对于高浓度废气，一般应在本岗位设法回收或做无害化处理。对于低浓度废气，则可通过管道集中后进行洗涤处理或高空排放。以下为常见的废气类型及处理方法。

(1) 含固体悬浮物废气

药厂排出的含尘废气一般是由于药物制备过程中的粉碎、干燥、碾磨、筛分等机械过程中产生的粉尘，以及锅炉燃烧过程中产生的烟尘等。一般常用的处理方法有机械除尘、洗涤除尘、过滤除尘和静电除尘。

① 机械除尘　利用机械力（重力、惯性力、离心力）将悬浮物从气流中分离出来。这类设备结构简单，操作费用低，适用于含尘浓度高及悬浮物粒度大的气体，对细小粒子不易除去。为了取得较好的分离效果，可以采用多级串联的形式，或将其作为一级除尘使用。

② 洗涤除尘　用水洗涤含尘废气，使尘粒与液体相接触而被捕获，并随水流走。洗涤除尘器可以除去直径在 $0.1\mu m$ 以上的尘粒，且除尘效率高，一般可达 $80\% \sim 95\%$。洗涤除尘器结构简单，操作方便。在除尘过程中，有降温增湿和净化有毒气体的作用，尤其适合于高温、高湿、易燃、易爆和有毒废气的净化。其缺点是洗涤过程中消耗大量的水，而且废气中的有毒物质全部转移到水中，所以需要对洗涤水进行净化处理，以免二次污染并尽量将其综合利用。

常用洗涤除尘器有喷雾塔、填充塔、旋风水膜除尘器等。填料式洗涤除尘器见表 3-20。

③ 过滤除尘　使含尘气体经过多孔过滤滤材，把尘粒阻留下来。目前我国使用较多的是袋式除尘器（图 3-21），其基本结构是在除尘器的集尘室悬挂若干个圆形或椭圆形的滤袋，含尘气体通过滤袋时尘粒被截留。所以袋式除尘器使用一段时间后，滤袋的孔膜会被堵塞，必须定期清扫。

袋式除尘器的结构简单，使用灵活，可以处理不同类型的颗粒污染物，尤其对直径在 $0.1 \sim 20\mu m$ 的细粉有很强的捕集效果，除尘效率可达 $90\% \sim 99\%$，是一种高效除尘设备。其缺点是滤布耐温耐腐蚀性能差，一般不适用于高温、高湿和强腐蚀性废气的处理。

④ 静电除尘　利用高压直流电引起电极附近发生电晕，使废气中的尘粒带电，带电粒子在强电场作用下聚集到集尘电极。附着在集尘电极上的尘粒靠振荡装置清除。

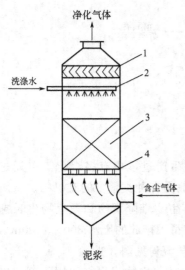

图 3-20 填料式洗涤除尘器

1—除沫器；2—分布器；
3—填料；4—填料支架

(2) 含无机物废气

药厂常见的含无机物的废气有氯化氢、三氧化硫、二氧化氮、一氧化氮、氯气、氨气、氢化氰等。此类气体一般用水或适当的酸性或碱性液体进行吸收处理，也可以采用吸附法、催化法和燃烧法处理。

如用水或酸性溶液吸收碱性气体（如氨气）；用水或碱性溶液吸收酸性气体（如氯化氢、氯气）；不能用水或酸碱性溶液吸收的气体，应先用化学方法处理，再用适当的溶液吸收。氯化氢尾气吸收工艺流程图见图 3-22。

（3）含有机物废气

① 冷凝法　用冷凝器冷却废气，使其中的有机蒸气凝结成液滴分离。对于高浓度、高沸点的有机物废气可以采用直接冷凝处理。对于低浓度的有机物废气，需要制冷设备。

② 吸收法　选用适当的吸收剂除去废气中的有机物质。主要用于处理有机污染物含量较低或沸点较低的废气，被吸收的物质还可以回收利用。但当废气中含有机污染物过低时，吸收效率将明显下降，同时吸收剂和能量的损失较大。另外吸收法处理含有机污染物废气不如处理含无机污染物废气应用广泛，主要是因为适宜的吸收剂选择困难。

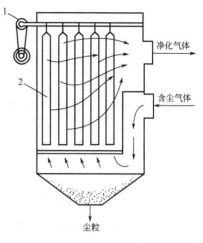

图 3-21　袋式除尘器
1—操动装置；2—滤袋

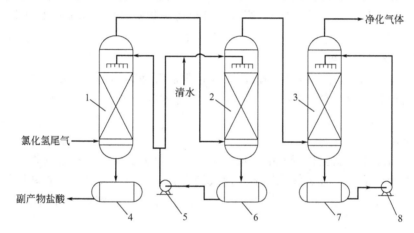

图 3-22　氯化氢尾气吸收工艺流程图
1——级吸收塔；2—二级吸收塔；3—液碱吸收塔；4—浓盐酸储罐；
5—稀盐酸循环泵；6—稀盐酸储罐；7—液碱储罐；8—液碱循环泵

③ 吸附法　将废气通过表面多孔的吸附剂，使其中的有机物蒸气或气体被吸附，再通过加热解吸、冷凝，可回收有机物。吸附法处理含有机物废气的关键是选择和利用高效吸附剂，常用的吸附剂有活性炭、氧化铝、硅胶、分子筛和褐煤。吸附法适用于含有机物浓度较低的废气，一般不适用于高浓度、大气量的废气处理。吸附工艺流程图见图 3-23。

④ 燃烧法　若废气中易燃物质浓度较高，可通入燃烧炉中进行焚烧，燃烧产生的热量可利用。当废气中可燃物浓度较低或燃烧值较低时，可以利用辅助燃料，对其进行高温分解而转换为无害物质。燃烧过程一般要控制在 800℃ 左右的高温下进行，为了降低燃烧温度，常采用催化燃烧法，即在氧化催化剂的作用下，使废气中的可燃物质或可以在高温下分解的组分在较低的温度下燃烧，转化成二氧化碳和水。催化燃烧法处理废气的流程一般包括预处理、预热、反应和热回收等。燃烧法是一种常用的处理有机废气的方法，操作简单方便，但是不能回收有用物质，并可能产生二次污染。

⑤ 生物法　是利用微生物代谢作用，将废气中的有害物质转化为低毒或无毒物质。操

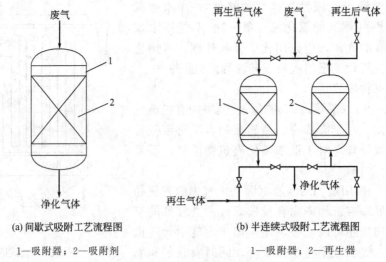

(a) 间歇式吸附工艺流程图
1—吸附器；2—吸附剂

(b) 半连续式吸附工艺流程图
1—吸附器；2—再生器

图 3-23   吸附工艺流程图

作流程一般是先将废气增湿，然后进入含有大量微生物的生物过滤器（过滤器是由土壤、堆肥或活性炭等多孔材料构成的滤床），废气的有机污染物被微生物吸附吸收并分解为无机物，从而将废气净化。

3.2.2.5　药厂废渣的处理

与废水、废气相比，药厂产生的废渣不仅量少而且种类都要少很多。通常要注意是否有贵重金属和其他有回收价值的物质。对含有有毒物质的废渣，要先除去毒性，再进行综合利用。

(1) 化学法

化学法是通过化学反应将废渣中有毒有害物质转化为稳定的、安全的物质。如将铬渣中的六价铬还原为三价铬；将氢氧化钠溶液加入到含有氰化物的废渣中，在利用氧化剂将其转化为氰酸钠（NaCNO）或加热回流数小时后，再用氯酸钠分解，可使氰基转化为 CO_2 和 N_2，从而到达无害化的目的。

(2) 焚烧法

焚烧法可以减少废物的体积，清除其中许多有害物质，同时可回收热量。因此，对于一些暂时无回收利用的可燃性废渣，特别是有毒性或杀菌作用的废渣，无法用厌氧处理时，可以选择用焚烧法处理。

焚烧法可以使废渣中的有机污染物完全氧化为无害物质，有机物的化学去除率可以达到 99.5% 以上，一般用于处理有机物含量较高或热值较高的废渣。对于有机物含量较低的废渣，可以加入辅助燃料。焚烧法的缺点是投资大，运行管理费用高。

回转炉废渣焚烧装置工艺流程图见图 3-24。

(3) 填埋法

填埋法是将既无法利用，又没有特殊危害的废渣填埋到泥土中，利用微生物的长期分解作用而使其生物降解。此法虽然简单可行，但填埋时一要注意不能污染地下水，二要注意某些有机物质分解时放出甲烷、氨气、硫化氢等气体，这些气体不仅会污染环境，而且可能产生爆炸的危险。所以采用填埋法时需要认真选择填埋场所，并有可靠的安全措施。

3.2.2.6　防治"三废"的主要措施

化学制药工业所产生的污染物其数量、种类和毒性都是由生产工艺决定的，因此从源头

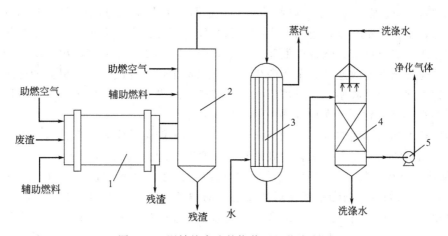

图 3-24　回转炉废渣焚烧装置工艺流程图

1—回转炉；2—二次燃烧炉；3—废热锅炉；4—水洗塔；5—风机

上采取防止措施将会生产事半功倍的效果。

(1) 革新工艺

① 更换原材料　这是常用的方法之一，其基本要求如下。

a. 以无毒、低毒的原辅材料代替有毒、高毒的原辅材料，降低和消除"三废"的毒性。如氯霉素合成时异丙醇铝的制备，原来用氯化高汞作催化剂，后来改用三氯化铝代替；同样在多巴胺的氢化工序中应用锌粉，在青霉胺生产中应用羟胺代替汞及氯化高汞，从而彻底解决了汞污染的问题。

b. 提高"三废"的综合利用价值，使副产物成为具有更高使用价值的化工产品。如安乃近生产过程中以亚硫酸铵代替亚硫酸钠进行还原反应，然后用液氨代替碳酸钠进行中和，使钠盐废水变成铵盐肥料。

c. 减少"三废"的种类和数量，以减轻后处理系统的负担。如克霉唑原生产工艺中采用氯化亚砜作氯化剂时，会产生氯化氢和二氧化硫气体，所以需要进行吸收处理。工艺改进后采用浓盐酸作氯化剂，不仅消除了氯化亚砜的污染，同时简化了生产工艺，提高了收率，降低了生产成本。

② 改进操作方法　原辅材料的更换，往往会受到收率、生产成本等的限制，所以另一个可行的方法是改进操作方法，也可以取得较好的效果。如安乃近生产中有一步水解反应，排出的废气含有甲酸、甲醇和水蒸气。如果加硫酸进行水解，不让反应生成的甲醇和甲酸蒸发，而在 98~100℃回流 10~30min，使其在反应罐中进行酯化反应生成甲酸甲酯，然后回收。这样既不影响水解的正常进行，又减少了废气的排放，并回收了甲酸和甲醇，得到甲酸甲酯。

③ 调整不合理配料比　在化学制药生产过程中，为了使反应进行得比较完全，提高收率和兼做溶剂等，常采用某种原料过量。这种方式增加了后处理和"三废"处理的负担。所以，必须注意调整不合理的配料比。例如氯硝柳胺的乙酰苯胺的硝化反应，旧工艺要求将乙酰苯胺溶于硫酸中，再加混酸进行硝化反应。后经分析发现乙酰苯胺中的硫酸浓度已经足够高，混酸中的硫酸可以省去。这样不仅节省了大量的硫酸，而且为"三废"处理减轻了负担。

④ 采用新技术　采用新工艺新技术，不仅可以显著地提高生产技术水平，而且有利于

"三废"的防治与处理。例如采用电解法生产异烟酸，需要用大量的硫酸做电解液，电解时产生的酸雾，不仅污染环境，还需要进行中和处理，同时还产生废水。后采用空气催化氧化法，在流化床中进行反应，既减少酸碱的用量和废水的排放，又彻底解决了酸雾的问题。

在某些化学结构的改造中，采用微生物转化技术比化学合成法具有更大的优越性，它不仅可以简化工序，提高收率，而且可以减少"三废"的排放，降低处理成本和费用。例如在维生素 C 的两步发酵法后，革除了丙酮和苯等原料。

其他新技术如立体定向合成、固相酶技术、相转移催化反应等，都能提高收率，简化工艺过程，提高资源的利用率，减轻后处理和"三废"处理的负担。

⑤ 调整化学反应的先后次序　改变化学反应的先后次序有时也可以有效地解决和改善"三废"问题。例如甲氯酚酯中间体对苯氧乙酸的制备中，曾经采用苯酚为原料，用氯化硫酰进行氯化反应，然后再与氯乙酸缩合。氯化硫酰不仅价格较贵，而且在反应中放出大量二氧化硫气体。生成的对氯乙酸需要减压蒸馏，蒸馏过程不易控制，易造成有毒气体散溢。后改变了反应次序，先将苯酚与氯乙酸缩合，然后再用氯气进行氯化反应，革除了用氯化硫酰氯化和蒸馏操作，使"三废"明显减少。

(2) 循环使用和合理套用

药物合成反应一般不能进行得十分完全，而且产物的分离同样也不可能彻底，因此反应母液中常含有未反应的原料和反应的中间体。在某些药物合成反应中，反应母液通常可以循环使用或经过处理后再使用。这样既降低了原材料的消耗，也减少了"三废"的排放。

例如氯霉素合成中的乙酰化反应。原工艺是将反应母液浓缩回收乙酸钠后，残液废弃。现工艺是将母液按乙酸钠的含量用于下一批反应，从而免去了蒸发、结晶、吸收等单元操作。由于母液的循环使用不仅减少了废水的排放量，而且提高了收率。

(3) 回收和综合利用

循环使用和合理套用虽然可以减少"三废"的排放量，但不能消除"三废"的产生。工艺路线的改进可以消除或减少"三废"的产生，但是工艺路线的改革一般需要较长的时间，并且也可能仍然有"三废"产生。所以"三废"的回收和综合利用在"三废"处理中十分重要。

回收利用的方法一般有蒸馏、结晶、萃取、吸收和吸附等，对于某些不能直接或直接回收比较困难的"三废"，也可以先采用化学反应处理，如氧化、还原、中和等，再回收利用。

例如氢化可的松的生产中主要产生含铬废水，通常处理方法主要有化学还原法、活性炭吸附法和离子交换法。

化学还原法采用的还原剂一般是硫酸亚铁，将废水中的剧毒 Gr^{6+} 还原为低毒的 Gr^{3+}，然后再加入 NaOH 溶液使废液的 pH 值调至 6~8，加热 80℃左右，并通入适量的空气，生成氢氧化铬沉淀分离除去。

对于含铬的有机废水，用活性炭做吸附剂将其除去。

含铬废水常用弱碱性阴离子交换树脂处理。

(4) 改进生产设备、加强设备管理

设备的选型是否合理，与污染物的数量和浓度有很大的关系。例如在甲苯磺化反应中，用连续式自动脱水器代替人工操作的间歇式脱水器，可以显著提高甲苯的转化率；再如采用直接冷凝器冷凝蒸气喷射泵的排气及有机物蒸气，会产生大量低浓度有机物废水，而改用表面冷凝器，不仅减少废水量，而且提高废水中有机物浓度，有利于回收处理。

在化学制药生产中，设备的"跑、冒、泄、漏"也是造成环境污染的一个重要原因，所以提高设备和管道的严密性，使系统少排或不排放污染物，是防止产生污染物的一个重要方法，因此设备的管理和日常维修十分重要。

训练项目

1. 设计某药厂废水处理方案。
2. 设计反应釜材料耐腐蚀方案。
3. 设计电化学腐蚀实验以及防腐蚀实训项目。
4. 观察带搅拌的反应釜内流体的流动状态，并比较各种情况时的搅拌流型。
5. 实训间歇反应釜操作技能以及事故处理。

任务 4　车间工艺设计

教学目标：

掌握车间工艺设计的基本内容。

能力目标：

1. 正确识读工艺流程图。

2. 具有初步车间工艺设计能力。

车间工艺设计的目的是按已确定的工艺流程和选定的设备对车间的建（构）筑物的配置和设备的安排做出合理的布局，以满足工艺生产的需要。

车间工艺设计的原则就是要综合考虑工艺、设备、物流和人流。

车间工艺设计的内容包括：车间工艺布置；车间水、电、气布置；车间工艺管路布置。

4.1　工艺流程图

首先要根据实验结果（小试、中试），经过论证，确定一种适用于目前条件的生产方法（如物理过程、化学过程、后处理、"三废"处理等）以及各种物料的流向，即工艺流程。

通过图解的方法来表示工艺流程的称为工艺流程图。一张好的工艺流程图是用图形以合适的顺序表示工艺步骤，它以图的方式，足够详细地将化学（物理）要求转化为恰当的机械描述。

最简单的一种工艺流程图称为工艺流程草图，或称物料流程图，图上通常用方块（或圆圈）来表示过程，所有物料的流向都用箭头表示。

带控制点的工艺流程图是指各种物料在一系列设备中进行反应（或操作），最后成为所需产品的流程图。它比一般流程图更完善地表达出各种设备的使用情况，设备与设备（包括各种计量仪表、控制仪表）之间的相互关系。

带控制点的工艺流程图是最初拟定的工艺流程的最终方案，同时又是以后一系列施工设计的基本依据。因此，在图中应该反映出所有的设备来，并且按比例（不要求精确）绘出设备的外形及各个管口。

精制工序工艺流程图见图 4-1。

带控制点的工艺流程图是在工艺计算后完成的，在图中要表示出各设备的相对位置（主要是高低位置），正确反映流体由一个设备向另一个设备输送的情况。

在工艺流程图中，除了表明主要物料流向外，对其他相应的管路干线（水、蒸汽、真空、压缩空气、冷冻盐水等）也必须在图中反映出来。为了保持图面的整齐和清晰，通常在流程图的上方并列地引出水、蒸汽、真空、压缩空气、冷冻盐水等的总线，同时在流程图的下方并列地引出废水、凝液等总线。

在流程图上应尽可能地应用相应的代号及符号来表示有关的设备、管线、阀门、仪表

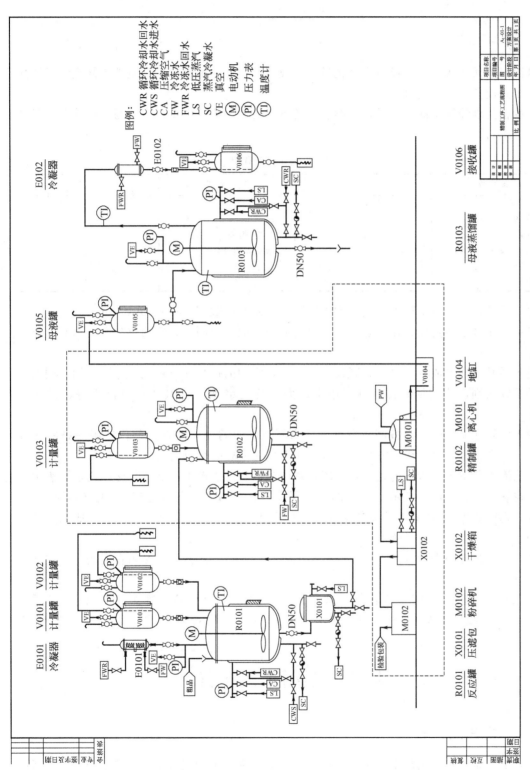

图 4-1 精制工序工艺流程图

等，这些代号必须与同一设计中的其他部分（如初步设计、设备平面布置图等）相一致。每台设备只编一个位号，由四个单元组成，如下所示：

$$P \quad 03 \quad 01 \quad A$$
$$\downarrow \quad \downarrow \quad \downarrow \quad \downarrow$$
$$① \quad ② \quad ③ \quad ④$$

这四个单元依次是：①设备类别代号；②设备所在主项的编号；③主项内同类设备顺序号；④相同设备的数量尾号。

按设备类别编制不同的代号，一般取设备英文名称的第一个字母（大写）做代号，具体表示见表 4-1。

表 4-1　设备类别和代号

设备类别	代号	设备类别	代号
反应器	R	泵	P
容器（槽、罐）	V	塔	T
换热器	E	火炬、烟囱	S
压缩机、风机	C	起重运输设备	L
工业炉	F	计量设备	W
其他机械	M	其他设备	X

主项编号按工程总负责人给定的主项填写，采用两位数字，从 01 开始，最大 99。

设备顺序号按同类设备在工艺流程中流向的先后顺序编制，采用两位数字，从 01 开始，最大 99。

设备尾号是两台或两台以上相同设备并联时，它们的位号前三项完全相同，用不同的数量尾号予以区别，按数量和排列顺序依次以大写英文字母 A、B、C……作为每台设备的尾号。

设备位号在流程图、设备布置图及管道布置图中书写时，在规定的位置画一条粗实线（——），即设备位号线，线上方书写位号，线下方在需要时可书写名称。

工艺流程图中各种管线的代号在管路布置中予以叙述。图上所有管线必须用箭头表示去向，并在管线的相应位置表示出有关的（不是所有的）阀门、计量-控制仪表（如流量计、压力计、真空表等），还要表示设备及管道的有关阻件（如阻火器、疏水器等）。阀门及计量仪表的表示方法，尚未完全统一。

某些特殊附件的表示方法，可参照有关图纸自行设计，这些图形必须在图例中用文字说明，予以对照。

工艺流程图的绘制程序为：首先选择图纸图幅、标题栏等；其次，绘制主要设备；再次，绘制管线；然后添加阀门、仪表、管件等，添加标注信息；最后核查图纸正确性。

4.2　车间工艺布置

4.2.1　生产工艺要求

车间工艺布置必须满足生产工艺的要求，既车间内部的设备布置尽量与工艺流程一致，并尽可能利用工艺过程使物料自动流送，避免中间体和产品交叉往返的现象。因此，一般可将计量设备布置在最高层，主要设备（如反应器等）布置在中层，分离设备（如离心机等）布置在下层，储槽类设备可布置在下层或地下（如离心机母液储槽）。

在操作中相互有联系的设备应布置得彼此靠近，并保持一定的间距。要留出合理的操作空间和人流通道，并考虑物料输送的方便，人流、物流不要交错，还要考虑更换设备时的通道。

设备的布置应尽量对称，在布置相同设备或相似设备时应考虑集中布置，要尽可能地缩短设备间的管线，这样有利于操作的一致性，还可减少备用设备。

工艺设备的布置必须保证安全。设备与墙壁的距离、设备之间的距离标准、物料运送通道和人行道的宽度都应符合规范的要求，布置时应予注意。设备的安全距离见表 4-2。

表 4-2 设备的安全距离

序号	项　目		净安全距离/m
1	泵与泵的间距		不小于 0.7
2	泵与墙的距离		至少 1.2
3	泵列与泵列间的距离（双排泵间）		不小于 2.0
4	计量罐与计量罐间的距离		0.4~0.6
5	储槽与储槽间的距离（指车间中一般小容器）		0.4~0.6
6	换热器与换热器间的距离		至少 1.0
7	塔与塔的间距		1.0~2.0
8	离心机周围通道		不小于 1.5
9	过滤机周围通道		1.0~1.8
10	反应罐盖上传动装置离天花板距离（如搅拌轴拆装有困难时，距离还需加大）		不小于 0.8
11	反应罐底部与人行道距离		不小于 1.8~2.0
12	反应罐卸料口至离心机的距离		不小于 1.0~1.5
13	起吊物品与设备最高点距离		不小于 0.4
14	往复运动机械的运动部件离墙距离		不小于 1.5
15	回转机械离墙距离		不小于 0.8~1.0
16	回转机械相互间距离		不小于 0.8~1.2
17	通廊、操作台通行部分的最小净空高度		不小于 2.0~2.5
18	不常通行的地方，净高不小于		1.9
19	操作台梯子的斜度	一般情况	不大于 45°
		特殊情况	60°
20	散发可燃气体及蒸汽的设备和变配电、自控仪表室、分析化验室等之间距离		不少于 15
21	散发可燃气体及蒸汽的设备和炉子间距离		不小于 18
22	工艺设备和道路间距离		不小于 1.0

4.2.2 建筑要求

厂房的平面应力求简单，以利于施工机械化。简单的厂房平面会使工艺设备的布置具有很多的可变性和灵活性。厂房的平面通常有长方形、L 形、T 形等数种，其中以长方形的最常用。

在确定厂房的柱网布置时（图 4-2），既要满足设备布置的要求，又要尽可能符合建筑模数制的要求。生产类别为甲、乙类生产，宜采用框架结构，采用的柱网间距一般为 6m，也有采用 7.5m 的。丙、丁、戊类生产可采用混合结构或框架结构，开间采用 4m、5m 或 6m。生产的火灾危险性分类见表 4-3。

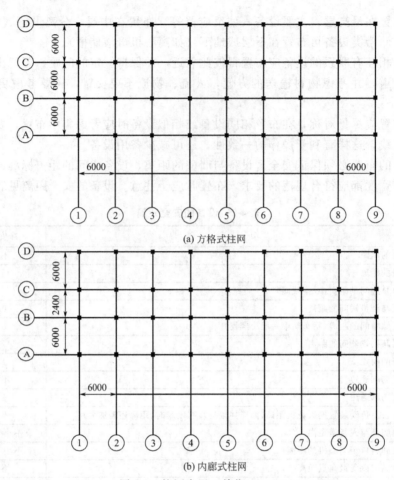

(a) 方格式柱网

(b) 内廊式柱网

图 4-2　柱网布置（单位：mm）

表 4-3　生产的火灾危险性分类

生产类别	火 灾 危 险 性 特 征
甲	使用或产生下列物质的生产： 闪点<28℃的液体 爆炸下限<10℃的气体 常温下能自行分解或在空气中氧化即能导致迅速自燃或爆炸的物质 常温下受到水或空气中水蒸气的作用，能产生可燃气体并引起燃烧或爆炸的物质 遇酸、受热、撞击、摩擦、催化以及遇有机物或硫黄等易燃的无机物，极易引起燃烧或爆炸的强氧化剂 受撞击、摩擦或与氧化剂、有机物接触时引起燃烧或爆炸的物质 在密闭设备内操作温度等于或超过物质本身自燃点的生产
乙	使用或产生下列物质的生产： ①闪点≥28℃，<60℃的液体 ②爆炸下限≥10℃的气体 ③不属于甲类的氧化剂 ④不属于甲类的化学易燃危险固体 ⑤助燃气体 ⑥能与空气形成爆炸性混合物的浮游状态的粉尘、纤维，闪点≥60℃的液体雾滴
丙	使用或产生下列物质的生产： ①闪点≥60℃的液体 ②可燃固体
丁	具有下列情况的生产： 对非燃烧物质进行加工，并在高热或熔化状态下经常产生强辐射热、火花或火焰的生产 利用气体、液体、固体作为燃料或将气体、液体进行燃烧作其他用的各种生产 常温下使用或加工难燃烧物质的生产
戊	常温下使用或加工非燃烧物质的生产

在一幢厂房中不宜采用多种柱距。柱距要尽可能符合建筑模数的要求，这样可以充分利用建筑结构上的标准预制构件，节约设计和施工力量，加速基建进度。

多层厂房的总宽度，为了尽可能利用自然采光和通风以及建筑经济上的要求，一般应不超过 24m；单层厂房的总宽度，一般应不超过 30m。常用的厂房宽度有 6m、9m、12m、15m、18m、24m、30m。一般车间的宽度常为 2～3 个柱网跨度，其长度根据生产规模及工艺要求来决定。

厂房每层高度主要取决于设备的高低、安装的位置及安全、环保等条件。一般框架或混合结构的多层厂房，层高多采用 5m、6m，最低不得低于 4.5m。每层高度尽量相同，厂房的高度要尽可能符合建筑模数的要求。有爆炸危险的车间宜采用单层，厂房内设置多层操作台以满足工艺设备位差的要求，如必须设置在多层厂房内，应布置在厂房顶层。

4.2.3　设备安装检修要求

化学制药车间腐蚀性较大，需经常对设备进行维护、检修和更换。在设备布置时，要根据设备大小及结构，考虑设备安装、检修及拆卸所需的空间和面积。

要考虑设备能顺利进出车间。经常搬动的设备应在设备附近设置大门或安装孔，大门宽度要比最大设备宽 0.5m；不经常检修的设备，可在墙上设置安装孔，设备安装完毕后再砌封。

通过楼层的设备，要在楼板上设置安装孔。多层厂房的吊装孔应在每一层相同的平面位置，在底层吊装孔附近要有大门，使需要吊装的设备由此门进出。对于外形尺寸特别大的设备的吊装，可采用安装墙或安装门。

要考虑设备检修、拆卸以及物料运输所需要的起重运输设备。起重运输设备的形式可根据使用要求确定。如不设永久性起重运输设备，则应考虑有安装临时起重运输设备的场地及预埋吊钩，以便安装起重葫芦。如在厂房内设置永久性起重运输设备，则要考虑起重设备本身的高度。

4.2.4　安全、环保技术要求

要为工人操作创造良好的采光条件。布置设备时尽可能做到工人背光操作；高大设备避免靠窗布置，以免影响采光。

有毒害性气体或粉尘的车间，需要有机械送排风装置，使车间内的有害气体有组织地排放。如排放的气体不能达到环保要求的排放指标，要安装气体处理装置，达标后排放。

凡火灾危险性为甲、乙类生产的车间，必须采取必要的措施，防止产生静电、放电以及着火的可能性。

要考虑物料特性对防火、防爆、防毒及控制噪声的要求。例如对噪声大的设备，宜采用封闭式间隔等；生产剧毒物及处理剧毒物料的场所，要和其他部分完全隔开，并单独设置自己的生活辅助用室。

4.3　车间洁净区布置

药品生产车间，必定有一部分洁净区，以满足药品生产质量管理规范（GMP）的要求。本节只介绍非无菌原料药洁净区布置要求。

一般非无菌原料药生产车间的生产工艺是用化学合成（或生物发酵、提取）方法制成粗品或浓缩液，然后进行精制、干燥、包装，得到合格的药品。

非无菌原料药的精制、干燥、包装工序应在净化级别为300000级的洁净区内生产，其工艺流程和环境区域划分见图4-3。

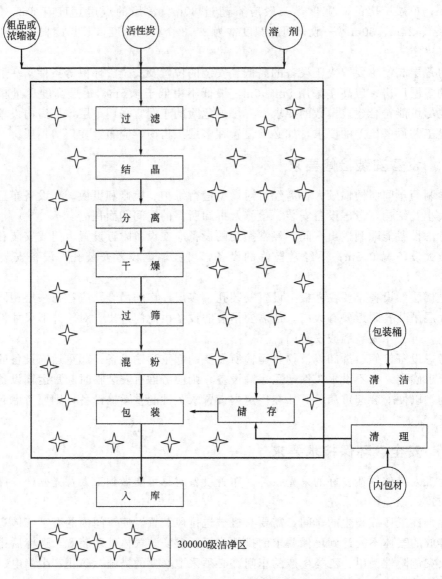

图 4-3　非无菌原料药生产的工艺流程和环境区域划分

4.3.1　洁净区

洁净区是指空气悬浮粒子浓度受控的限定空间。它的建造和使用应减少空间内诱入、产生及滞留粒子，空间内其他有关参数如温度、湿度、压力等按要求进行控制。

按GMP要求，300000级洁净区控制温度为18～26℃、相对湿度为45％～65％。

为了保证洁净区达到表4-4的要求，进入洁净区的空气须经净化处理。

为了保持洁净区的洁净度等级免受外界的干扰，对于不同等级的洁净室之间、洁净室与相邻的无洁净度级别的房间之间都必须维持一定的压差。非无菌原料药洁净区（300000级）对非洁净区的压差须大于10Pa。

表 4-4 药品生产洁净室（区）空气洁净度划分的四个级别

洁净度级别	尘埃最大允许量/(个/m³)		微生物最大允许量	
	≥0.5μm	≥5μm	浮游菌/(个/m³)	沉降菌/(个/m³)
100	3500	0	5	1
10000	350000	2000	100	3
100000	3500000	20000	500	10
300000	10500000	60000	—	15

人员与物料进入洁净区会把污物带入室内，特别是人员本身就是一个重要的污染源，所以，人员和物料进入洁净区前均需净化。

4.3.2 洁净区工艺平面布置

洁净区应按工艺流程合理布局，人流、物流要分开，要分别设置人员净化用室、物料净化用室和设施。

洁净区的工艺平面布置要求合理紧凑，洁净区内只布置必要的工艺设备。易产生污染的工艺设备应布置在回风口附近位置。

生产区应有足够的面积和空间用以安置设备、物料等，便于操作（如原辅料暂存、中间物中转、中间体化验室、洁具室、工器具存放间等）。

4.3.3 洁净区厂房要求

应有防止昆虫和其他动物进入的设施。

厂房设计时应考虑使用时便于进行清洁工作，洁净区的内表面应平整光滑、无裂缝、接口严密、无颗粒物脱落，并能耐受清洗和消毒。墙壁与地面交界处宜成弧形或采取其他措施，以减少灰尘积聚和便于清洁。

洁净室（区）的窗户、天棚及进入室内的管路、风口、灯具与墙壁或天棚的连接部位均需密封。

洁净厂房的净高一般可选在 2.6m 以下，但精制设备一般都带有搅拌器，设计精制室的房间高度时，要考虑搅拌轴的检修高度。

4.4 车间水、电、汽布置

在产品工艺路线确定以后，要确定每台设备的规格型号和具体要求，还要确定整个车间的水、电、汽、压缩气、真空的总耗量，它是工艺设计的重要组成部分，它反映了车间在能源及动力上的使用情况。

车间水、电、汽总耗量包括车间生产用水、电、汽，也包括生活部分的用量。生产部分总用量又可分为产品反应设备直接使用的和车间动力部分（如冷冻机）使用的，本节只介绍与产品反应设备有关的水、电、汽的计算方法。

随着社会进步和生产力的飞速发展，能源短缺问题日趋严重。在车间设计时，要充分考虑资源情况，本着节约的原则确定所使用的能源种类，如能用深井水的就不使用自来水，能循环使用的尽量循环使用，能使用低压蒸汽的尽量不使用中压或高压蒸汽（参数要符合反应的需要）。要根据车间的总耗电量，配置相应面积的配电室；要根据产品的工艺特性确定是否需要两个电路系统进线，杜绝突然停电可能带来的严重后果。

4.4.1　水或其他冷却剂的消耗量计算

常用的冷却剂有水、冷冻盐水、空气，它们的消耗量可统一按式(4-1)求取。

$$W(\text{kg})=\frac{Q_2}{c(T_2-T_1)} \tag{4-1}$$

式中　Q_2——换热量，kJ；

　　　c——冷却剂的比热容，kJ/(kg·K)；

　　　T_1——冷却剂的最初温度，K；

　　　T_2——冷却剂的最终温度，K。

水的比热容虽随温度而变化，但影响不大，在计算时可取 4.18 kJ/(kg·K)。空气的比热容为 1~2.09kJ/(kg·K)。氯化钠水溶液的比热容见表 4-5。

表 4-5　氯化钠水溶液的比热容

NaCl 的分子百分数（括号内为质量分数）	比热容/[kJ/(kg·K)]			
	279K(6℃)	293K(20℃)	306K(33℃)	330K(57℃)
0.249(约 0.8%)	—	4.14	—	—
0.99(3.15%)	4.02	4.06	—	—
2.44(7.5%)	3.81	3.83	3.83	3.86
9.09(24.5%)	3.37	3.39	3.39	3.43

4.4.2　电能消耗量计算

$$E(\text{kW·h})=\frac{Q_2}{3600\eta_E} \tag{4-2}$$

$$(1\text{kW·h}=3600\text{kJ})$$

式中　η_E——电热装置的效率，取 0.85~0.95。

4.4.3　蒸汽消耗量计算

4.4.3.1　间接蒸汽加热时的蒸汽消耗量

$$D(\text{kg})=\frac{Q_2}{[H-c(T-273)]\eta} \tag{4-3}$$

式中　H——蒸汽的焓值，kJ/kg；

　　　T——冷凝水的温度，K；

　　　c——冷凝水的比热容，可取 4.18kJ/(kg·K)；

　　　η——热利用率，保温设备为 0.97~0.98，不保温设备为 0.93~0.95。

4.4.3.2　直接蒸汽加热时的蒸汽消耗量

$$D(\text{kg})=\frac{Q_2}{[H-c(T_K-273)]\eta} \tag{4-4}$$

式中　T_K——被加热液体的最终温度，K；

　　　c、η——同式(4-3)。

4.5　车间工艺管路布置

4.5.1　车间工艺管路布置内容

管路是化学制药生产中必不可少的一部分，水、蒸汽、各种气体和各种液体物料都要用管道输送，设备与设备间的连接也要使用管道。如果管道布置不当，易发生故障和事故，影响生产。

在以下图表提供后可开始进行管路布置：①管道仪表流程图；②设备平立面布置图；③设备简图、定型设备样本或详细的安装图；④仪表、变送器位置图；⑤设备一览表；⑥建（构）筑物平立面图（简图）。

管路布置要考虑各方面的因素，首先考虑操作方便，同时又要便于维修和拆卸；压力管道设计、安装要符合国家有关规定；洁净区技术夹层内管路布置要与暖通、电器仪表等专业协调安排并要符合 GMP 的要求，做到安全可靠、经济合理。

管径的选择、管道材质的选用、管道连接方式的选择、合理选择阀门，这些都直接关系到能否满足正常生产的需要，也直接影响投资。

4.5.2　管道设计中的图纸和说明书

管道设计中的图纸及说明书主要包括管道布置图、管架图、楼板和墙的穿孔图及管架预埋螺栓位置图及管道说明。

管道布置图是表示车间内外各设备、管道的连接，以及阀件、管件和控制仪表安装情况的图纸。根据管道仪表流程图、设备布置图及设备简图，按正投影来绘制管道的平面图和立面图，若是多层厂房，须按层次（或按不同标高）分绘几张平面图，立面图根据需要以剖视图表示。管道布置图图幅一般采用 A_0，比较简单的也可采用 A_1 或 A_2，同区的图宜采用同一种图幅。图样常用比例为 1：25、1：50，也可用 1：100，但同区的或各分层的平面图应采用同一比例。管道布置图中标高、坐标以米为单位，其他尺寸（如管段长、管道间距）以毫米为单位，只注数字，不注单位。管道公称通径以毫米表示，如采用英制单位时应加注英尺、英寸符号，如 $2'$、$3/4''$。

管道平面布置图按比例用细实线绘出建（构）筑物柱、梁、楼板、门窗、楼梯、管沟等，根据设备布置图画出设备、操作台、安装孔、吊车梁等。管道平面图应将主管位置示出（可以用双点划细线绘制），各支管引出处也应标注安装定位尺寸。管道公称通径 DN≤125mm 的管道、弯头、三通用粗单实线绘制，DN≥150mm 的管道用中粗双实线绘制，物料流向箭头画在中心线上。管件及仪表等均用符号表示，图上的设备编号应与管道仪表流程图、设备布置图一致。图中除要注明建筑物的标高、跨度和总长度、柱中心距外，还要注明管道的标高、管道与建筑物在水平方向的尺寸、管道间的中心距，以及表示管件和计量仪器安装位置的尺寸。

管架图是反映管子在建（构）筑物上的固定方式和在地面上支撑方式的图纸，设计单位对车间内的管架已有成套的定型设计，可供选用。室外管架的材料有钢、混凝土、砖砌等，主要取决于管子的重量、间距及其膨胀系数。一般混凝土及钢用得较多，临时性的可用砖砌的。

楼板和墙的穿孔图及管架预埋螺栓位置图。化学制药车间的一般顺序是土建先施工，然后进行设备安装、管道安装等工作。设备安装、管道安装与土建有密切的关系，如管道预留孔和预埋螺栓等工作，应在土建施工的同时进行，否则管道安装时就要在楼板和墙面上大量凿孔，不仅影响厂房质量，并且造成浪费，拖延施工进度。

管道施工说明是管道安装图的辅助文件，其作用是用文字对施工人员说明图纸部分无法体现的各种安装要求，以确保设计意图的实现和工程的施工质量。管道施工说明大体上包括下列一些内容。

① 管道施工图的图例说明（如代号表示法、代号表）。

② 一般公用系统管道的安装要求（如连接方法、坡度等）。

③ 物料管道安装上的特殊要求（如防止堵塞、冻结、腐蚀等所采取的措施）。

④ 管道的保温方式、材料厚度和施工方法。

⑤ 各种腐蚀性流体流经的管道连接时采用的密封材料及规格。

⑥ 易碎管道（玻璃管）安装方式和要求。

⑦ 不同材料的管道，管道与管件的连接方法。

⑧ 各种管道的试压要求。

⑨ 管道安装与土建、设备、暖通、电力、仪表等工种在施工时的配合要求。

⑩ 有关管架的说明。

⑪ 其他安全生产上的特殊要求。

4.5.3 管道设计的基本要求

① 管道布置应保证安全生产和满足操作、维修方便及人货道路畅通。

② 管道与车间内的电缆、照明灯分区行走。

③ 管道与自控的孔板、流量计、压力表、温度计及变送器等定出具体位置并不碰撞仪表管缆。

④ 管道不挡吊车轨及不穿吊装孔、不穿防爆墙。

⑤ 管道应避开门、窗和梁。

⑥ 操作阀高度以 800～1500mm 为妥。

⑦ 取样阀的设置高度应在 1000mm 左右，压力表、温度计设置在 1600mm 左右为妥。

4.5.4 管道设计方法

管道设计，首先是根据流体的腐蚀性及输送量选用管材及确定管径，然后根据介质的性质及操作的特点选用合适的管件和阀件。

4.5.4.1 管径的计算和选择

管道原始投资费用与经常消耗和克服管道阻力的动力费用有着直接的联系。管径越大，原始投资费用越大，但动力消耗费用可降低；相反，如果管径减小，则投资费用可减少，但动力消耗费用就得增加。因此，管道直径必须严格计算。

(1) 最经济管径的求取

管道的维持费用基本上是折旧费、维修费以及输送流体所消耗的动力费之和。由于折旧费和维修费的增加与管道的直径及长度成比例，而动力消耗也是管道直径的函数，因此，可以通过数学计算，求出最经济的管径。对于化学制药厂来讲，输送物料种类较多，但一般输送量却不大，没有必要每根管道都用数学计算的方法来求取，因而有人设计了如图 4-4 所示的算图，用以求取最经济的管径。由此求得的管径能使流体处于最经济的流速下运行，详见

表 4-6。

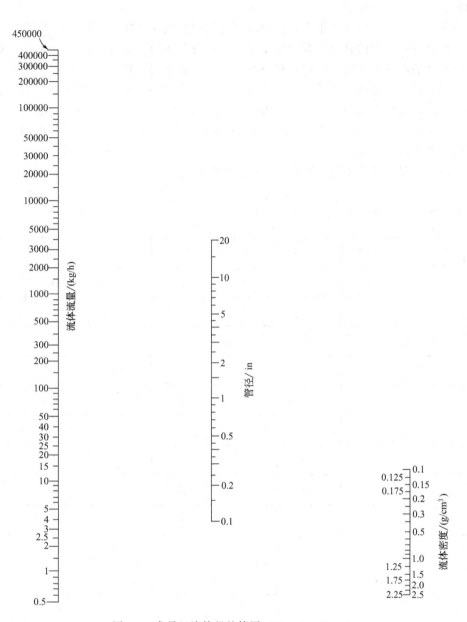

图 4-4　求最经济管径的算图　（1in＝0.0254m）

表 4-6　不同管径时的最经济流速　　　　　　　　　m/s

管道公称通径/in	滞流状态					湍流状态					
	黏度×10³/Pa·s					密度/(g/cm³)					
	0.01	0.1	10	100	1000	0.016	0.16	0.65	0.8	1	1.1
1	11.6	3	0.95	0.3	0.092	3	1.46	1.03	0.95	0.89	0.83
2	12.7	6.4	—	0.46	0.15	3.4	1.53	1.04	0.98	0.92	0.89
3	13.8	7.3	—	0.76	0.25	4	1.8	1.25	1.2	1.1	1.1
4	16.5	8.6	—	1.25	0.4	4.6	2.1	1.37	1.3	1.3	1.2

注：1in＝0.0254m。

(2) 蒸汽管管径的求取

制药工业使用蒸汽的设备很多，而蒸汽管径的选择同样存在着经济权衡的问题。蒸汽是一种可压缩性气体，它的管径求取十分复杂。为了便于使用，通常将计算的结果做成表格或算图。在制作表格及算图时，一般从两方面着手：一是选用适宜的压力降；二是选取一定的流速。如过热蒸汽的流速，主管取 40～60m/s 支管取 35～40m/s；饱和蒸汽的流速，主管取 30～40m/s，支管取 20～30m/s。或按蒸汽压力来选择，如 4×10^5 Pa（3kgf/cm² 表压）以下取 20～40m/s；8.8×10^5 Pa（8kgf/cm² 表压）以下取 40～60m/s；3×10^6 Pa（30kgf/cm² 表压）以下取 80m/s。

蒸汽管径流量表见表 4-7。流体的流速范围见表 4-8。

表 4-7　蒸汽管径流量表

流量 /(kg/h)	压力/Pa							
	1.0135×10^5 (0kg/cm² 表压)	1.084×10^5 (0.07kg/cm² 表压)	1.165×10^5 (0.15kg/cm² 表压)	1.419×10^5 (0.40kg/cm² 表压)	4.56×10^5 (3.5kg/cm² 表压)	8.1×10^5 (7kg/cm² 表压)	11.15×10^5 (10kg/cm² 表压)	15.2×10^5 (14kg/cm² 表压)
45.4	$2\frac{1}{2}''$	$2''$	$2''$	$1\frac{1}{2}''$	$1''$	$1''$	$1''$	$1''$
68	$3''$	$2\frac{1}{2}''$	$2\frac{1}{2}''$	$2''$	$1\frac{1}{4}''$	$1''$	$1''$	$1''$
90	$3''$	$3''$	$2\frac{1}{2}''$	$2\frac{1}{2}''$	$1\frac{1}{4}''$	$1\frac{1}{4}''$	$1''$	$1''$
136	$3\frac{1}{2}''$	$3''$	$3''$	$2\frac{1}{2}''$	$1\frac{1}{2}''$	$1\frac{1}{4}''$	$1\frac{1}{4}''$	$1\frac{1}{4}''$
180	$4''$	$3\frac{1}{2}''$	$3''$	$3''$	$2''$	$1\frac{1}{2}''$	$1\frac{1}{2}''$	$1\frac{1}{4}''$
225	$5''$	$4''$	$3\frac{1}{2}''$	$3''$	$2''$	$1\frac{1}{2}''$	$1\frac{1}{2}''$	$1\frac{1}{4}''$
340	$5''$	$5''$	$4''$	$3\frac{1}{2}''$	$2\frac{1}{2}''$	$2''$	$2''$	$1\frac{1}{2}''$
454	$6''$	$5''$	$5''$	$3\frac{1}{2}''$	$2\frac{1}{2}''$	$2''$	$2''$	$2''$
570	$6''$	$6''$	$5''$	$4''$	$3''$	$2\frac{1}{2}''$	$2''$	$2''$
680	$8''$	$6''$	$5''$	$5''$	$3''$	$2\frac{1}{2}''$	$2\frac{1}{2}''$	$2''$
900	$8''$	$8''$	$6''$	$5''$	$3\frac{1}{2}''$	$3''$	$2\frac{1}{2}''$	$2\frac{1}{2}''$
1360	$10''$	$8''$	$8''$	$6''$	$4''$	$3''$	$3''$	$3''$
1800	$10''$	$10''$	$8''$	$6''$	$4''$	$3\frac{1}{2}''$	$3\frac{1}{2}''$	$3''$
2250	$12''$	$10''$	$8''$	$8''$	$5''$	$4''$	$3\frac{1}{2}''$	$3\frac{1}{2}''$
2750	$12''$	$10''$	$10''$	$8''$	$5''$	$4''$	$4''$	$3\frac{1}{2}''$
3750	—	$12''$	$10''$	$8''$	$6''$	$5''$	$4''$	$4''$
4540	—	$12''$	$10''$	$10''$	$8''$	$5''$	$5''$	$4''$

注："″" 为英寸（in），1in=0.0254m。

表 4-8　流体的流速范围

流体名称及情况	流速/(m/s)	流体名称及情况	流速/(m/s)
饱和蒸汽　主管	30～40	自来水　主管 0.3MPa	1.5～3.5
支管	20～30	支管 0.3MPa	1.0～1.5
低压蒸汽＜1.0MPa（绝压）	15～20	工业供水 0.8MPa 以下	1.5～3.5
中压蒸汽 1.0～4.0MPa（绝压）	20～40	压力回水	0.5～2.0
高压蒸汽 4.0～12.0MPa（绝压）	40～60	锅炉给水 0.8MPa 以上	＞3.0
蛇管入口饱和蒸汽	30～40	蛇管、螺旋管冷却水	＜1.0
蒸汽冷凝水	0.5～1.5	水和碱液 0.6MPa 以下	1.5～2.5
化工设备排气管	20～25	黏度和水相仿的液体	取与水相同
一般气体（常压）	10～20	油及黏度大的液体	0.5～2.0
真空管道	＜10	盐水	1～2
压缩气体 0.1～0.2MPa（绝压）	8.0～12	制冷设备中盐水	0.6～0.8
0.1～0.6MPa	10～20	往复泵　水类液体（吸入管）	0.7～1.0
0.6～1.0MPa	10～15	（排出管）	1～2
压缩空气 0.1～0.2MPa	10～15	离心泵　水类液体（吸入管）	1.5～2
氮气　0.7MPa 以下	10～20	（排出管）	2.5～3
2MPa 以下	3～8	齿轮泵　（吸入管）	＜1.0
液氨　0.7MPa 以下	0.3～0.5	（排出管）	1～2
2MPa 以下	0.5～1.0	自流回水（有黏性）	0.2～0.5
烟道气　烟道内	3～6	凝结水（自流）	0.2～0.5
管道内	3～4	车间通风换气（主管）	4～15
送风机　（吸入管）	10～15	（支管）	2～8
（排出管）	15～20	易燃易爆液体	＜1
工业烟囱（自然通风）	2～8		

4.5.4.2　管道的表示方法

管道图中的管件、阀件和管道的标高及走向，可采用表 4-9 所示的方法。

表 4-9　管道的表示方法

管道类型	立面图	平面图
上下不重合的平行管线		
上下重合的平行管线		
变头向上（法兰连接）		
变头向下（法兰连接）		
三通向上（丝扣连接）		
三通向下（丝扣连接）		

（1）管线的表示方法

管道的标注由介质代号、管道编号、公称通径、管路等级四部分组成，隔热管道还应增加隔热代号（见图 4-5）。

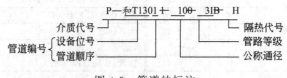

图 4-5　管道的标注

（2）管径的表示

焊接钢管用英寸表示，如 1″，前面不加 ϕ；其他管材一般用"外径×壁厚"表示，如 $\phi89×3.5$，单位为 mm，可不必标出。

（3）流体代号

PL——物料；MS——中压蒸汽；LS——低压蒸汽；SC——蒸汽冷凝水；RW——一次水、新鲜水；DW——脱盐水；CWS——循环冷却水进水；CWR——循环冷却水回水；FW——冷冻水；FWR——冷冻水回水；PA——压缩空气；N——氮气；VT——放空气。

（4）管线编号

管道编号可以采用设备位号加一位数字，即每一设备位号后可加 0～9 共 10 个编号，当超过此 10 个数字时，可将编号列入前或后设备。如 T1011 3 即可知道是 1011 塔上的管道，一看此塔流程，即可知道是塔前或后一个设备的管道。

公共系统管道的管道编号由四位数组成，第一、二位表示区域号，第三位表示楼层，第四位表示支管号，每层楼支管不超过 9 根。与设备连接的支管编号可按设备位号加管号。

（5）其他表示方法

① 在工艺管道施工流程图各管线上的有关法兰（特别是满足工艺需要的法兰）应全部表示出来。

② 自动控制的方案及其仪表应一并注出编号，编号由自控专业设计人提供。

4.5.4.3　管件、阀件及常用仪表的表示方法

管件、阀件及常用仪表的表示方法见表 4-10。

4.5.5　管道安装

化学制药管道的正确安装不仅有助于车间布置的整齐和美观，而且直接关系到操作和检修是否方便、经济上是否合理、生产上的安全等。管道安装的一般原则如下。

① 管道多数采用明装，便于安装、检修和操作管理。

② 管道应成列平行敷设，尽量走直线少拐弯（因作自然补偿，方便安装、检修、操作除外）、少交叉以减少管架的数量，节省管架材料且整齐美观，便于施工。

③ 转弯成直角，必要时用一端为闷头堵塞的三通代替肘管，以便清理或添设支管。

④ 并列管道上的管件与阀件，应错开安装，便于启闭，不易混淆。

⑤ 管道上应适当配置一些法兰或活接头，以便管路的安装、拆卸和检修。

⑥ 管道应尽可能沿厂房墙壁安装，管与管间及管与墙间的距离以能容纳活接头或法兰，以及便于检修为度。管径与管中心至墙的距离的关系见表 4-11。

表 4-10 管件、阀件及常用仪表的表示方法

序号	名称	图例	序号	名称	图例
1	闸阀		14	主要工艺物料和主物料管	
2	截止阀		15	辅助物料管	
3	角式截止阀		16	蒸汽伴热管	
			17	隔热管	
4	旋塞阀		18	软管、波纹管	
5	蝶阀		19	管端盲板	
6	球阀		20	管帽	
7	升降式止回阀		21	同心异径管	
8	旋启式止回阀		22	偏心异径管	
9	疏水阀		23	喷淋管	
10	减压阀		24	敞口漏斗	
			25	封闭漏斗	
11	安全阀		26	防雨帽	
12	爆破片		27	放空管	
			28	压力表	
13	Y形过滤器		29	温度计	

表 4-11 管径与管中心至墙的距离的关系

管径/in	1	$1\frac{1}{2}$	2	3	4	5	6	8
管中心至墙的距离/mm	120	150	160	170	190	210	230	270

注：1in＝0.0254m。

⑦ 输送有毒或有腐蚀性介质的管道，不得在人行通道上设置阀件、伸缩器、法兰等，以免法兰渗漏时介质落于人身上而发生工伤事故。

⑧ 管道上的焊缝不应设在支架范围内，与支架距离不应小于管径，且至少不得小于 0.2m。

⑨ 管道穿过墙时，外加套管，套管与管子间的环隙应充满填料，管道穿过楼板时的要求与此相同。对不同管径的留孔大小规定如表 4-12。

表 4-12 不同管径的留孔大小

管径/in	1	$1\frac{1}{2}$	2	3	4	5	6	8
留孔尺寸/mm	120	160	175	210	230	260	300	350

注：1in＝0.0254m。

⑩ 穿过墙壁或楼板间的一段管道内不得有焊缝。

⑪ 阀件及仪表的安装高度主要考虑操作方便和安全，参考数据（离地板、楼板面或操作台面）如表 4-13。

表 4-13 阀件或仪表的安装高度

阀件或仪表	阀门	安全阀	温度计	压力计
安装高度/m	1.2～1.6	2.2	1.5	1.6

⑫ 靠近设备设置的管道，为便于维修拆装，管道外壁（或保温外壁）离设备距离应不小于 5cm。

⑬ 平行管道间的间距按如下两种情况考虑。

a. 当管道平行布置，其阀的位置不对齐时的管子中心距列于表 4-14。

b. 当管道平行布置，其阀的位置对齐时的管子中心距列于表 4-15。

表 4-14　平行管道的中心距（阀位置不对齐）　　mm

DN	公称通径(DN)																	
	25		40		50		70		80		100		125		150		200	
	A	B	A	B	A	B	A	B	A	B	A	B	A	B	A	B	A	B
25	120	200																
40	140	210	150	230														
50	150	220	150	230	160	240												
70	160	230	160	240	170	250	180	260										
80	170	240	170	250	180	260	190	270	200	280								
100	180	250	180	260	190	270	200	280	210	310	220	300						
125	190	260	200	280	210	290	220	300	230	310	240	320	250	330				
150	210	280	210	300	220	300	230	300	240	320	250	330	260	340	280	360		
200	230	310	240	320	250	330	260	340	270	350	280	360	290	370	300	390	300	420
250	270	340	270	350	280	360	290	370	300	380	310	390	390	410	340	420	360	450

注：1. 表中 A 为不保温管的间距；B 为保温管的间距。

2. 表内系法兰相错排列的管子间距尺寸，不保温管与保温管相邻排列时：间距 $= \dfrac{\text{不保温管间距} + \text{保温管间距}}{2}$；若丝扣连接的管子，间距可按表内数值减少 20mm。

3. 在管道安装过程中，可依具体情况适当调整其间距。

表 4-15　平行管道的中心距（阀位置对齐）　　mm

DN	公称通径(DN)							
	25	40	50	80	100	150	200	250
25	250							
40	270	280						
50	280	290	300					
80	300	320	330	350				
100	320	330	340	360	375			
150	350	370	380	400	410	450		
200	400	420	430	450	450	500	550	
250	430	440	450	480	490	530	580	600

⑭ 管道各支点间的距离是根据管子所受的弯曲应力来决定的。钢管的最大允许跨度如表 4-16。

表 4-16　钢管的最大允许跨度

外径/mm	57	89	108	133	159	219	273	325	377	426
壁厚/mm	2.75	3.25	3.75	4.0	4.5	6.5	7.5	8	8	9
跨度/mm	3	4	4.5	5	6	7	8	9	9	9

⑮ 管道一般均应按流体流向采用一定的坡度（特殊注明者例外），其坡向按图中箭头所示方向，但蒸汽管道的坡向与箭头相反。对于黏度较大、易凝固不允许稍有积料的管道，其坡度和坡向应特殊注明。其余管道一般采用如下参考坡度：

蒸汽	——— 5/1000	压缩空气、氮气	——— 4/1000
蒸汽冷凝水	——— 3/1000	真空	——— 3/1000
上水（一次水、二次水）	——— 3/1000	下水	——— 5/1000～1/100
软水	——— 3/1000	含固体结晶或黏度较大的物料	≥1/100
冷冻水	——— 3/1000		

⑯ 地沟底层坡度不应小于 0.002，特殊情况的可用 0.001。

⑰ 地沟的最低部分距最高水位 500mm。

⑱ 需要经常检修的物料管道，通常在管路转弯处及分叉处加设一对法兰，管长超过 10m 亦应设置法兰。

⑲ 属于防爆车间的管道用法兰连接，便于拆装检修。

⑳ 车间内各类物料管道、废水管道的材料及其连接方法，应根据输送物料的化学与物理性质、操作条件，并考虑管道的非金属材料代用，在设计说明中有所规定。

㉑ 输送腐蚀性介质的管道与其他管道并列时应保持一定距离，且应低于其他管道，可用三角支架安装。

㉒ 输送冷流体（如冷冻盐水）的管道应与输送热流体（如蒸汽）的管道避开。衬聚氯乙烯和衬橡胶的钢管也应避开热流体的管道。

㉓ 管道应避免经过电动机或配电板的上方或附近。

㉔ 长距离输送蒸汽的管道在一定的距离处安装疏水器，以排除冷凝水。

㉕ 输送会产生静电的物料时，应防止静电聚集在管道上，其方法是将管道系统复成导电体，并将它可靠接地。

㉖ 管道涂漆的颜色见表 4-17。

表 4-17 管道涂漆颜色

物质种类	基本识别色	物质种类	基本识别色
水	艳绿	酸或碱	紫
水蒸气	大红	可燃液体	棕
空气	淡灰	其他液体	黑
气体	中黄	氧	淡蓝

4.5.6 洁净区管道安装

① 洁净厂房内的管道干管应敷设在技术夹层或技术夹道内，洁净室内管道宜暗装，与本房间无关的管道不宜穿过。

② 管道外表面可能结露时，应采取防护措施。防结露层外表面应光滑易于清洗，并不得对洁净室造成污染。

③ 管道穿过洁净室墙壁、楼板和顶棚时应加套管，管道与套管之间应采取可靠的密封措施。

④ 水质要求较高的纯水供水管道应采用循环供水方式，循环附加水量为使用水量的 30%～100%，干管流速为 1.5～3m/s；不循环的支管长度应尽量短，其长度不大于 6 倍管径。

⑤ 纯水管道管材必须满足生产工艺对水质的要求，根据需要可选择不锈钢管和聚氯乙烯（UPVC、CL-PVC）、聚丙烯（PP）、丙烯腈-丁二烯-苯乙烯（ABS）、聚偏氟乙烯（PVDF）等管材。

⑥ 工艺设备用循环冷却水管可采用镀锌钢管、不锈钢管或工程塑料管。

⑦ 管道配件应采用与管道相应的材料。

⑧ 按气体流量、压力或生产工艺需要确定气体管道管径，气体管道最小管径不小于 $\phi 6 \times 1$。

⑨ 气体管道用不锈钢管材时应采用氩弧焊，高纯气体管道宜采用内壁无斑痕的对接焊。

⑩ 洁净区管道法兰连接处的密封材料应采用聚四氟乙烯或硅橡胶。

训练项目

1. 根据任务 2 训练项目中提供的阿司匹林原料药生产酰化工序工艺过程、精制工序工艺过程，绘制酰化工序工艺流程图、精制工序工艺流程图。

2. 根据图 4-1 精制工序工艺流程图，做出此工序设备平面布置图、设备立面布置图。

参 考 文 献

[1] 陆敏主编. 化学制药工艺与反应器. 北京：化学工业出版社，2005.
[2] 计志忠主编. 化学制药工艺学. 北京：中国医药科技出版社，1997.
[3] 赵临襄主编. 化学制药工艺学. 北京：中国医药科技出版社，2003.
[4] 王效山，王健主编. 制药工艺学. 北京：北京科学技术出版社，2003.
[5] 陶杰主编. 化学制药技术. 北京：化学工业出版社，2005.
[6] 宋航主编. 制药工程技术概论. 北京：化学工业出版社，2006.
[7] 李旭琴主编. 药物合成路线设计. 北京：化学工业出版社，2009.
[8] 钱清华，张萍主编. 药物合成技术. 北京：化学工业出版社，2008.
[9] 元英进主编. 制药工艺学. 北京：化学工业出版社，2007.
[10] 陈建茹主编. 化学制药工艺学. 北京：中国医药科技出版社，1995.
[11] 李丽娟主编. 药物合成反应技术. 北京：化学工业出版社，2007.
[12] 陈易彬编. 新药开发概论. 北京：高等教育出版社，2006.
[13] 方开泰，马长兴著. 正交与均匀试验设计. 北京：科学出版社，2001.
[14] 金学平主编. 化学制药工艺. 北京：化学工业出版社，2006.
[15] 张忠祥，钱易主编. 废水生物处理新技术. 北京：清华大学出版社，2004.
[16] 徐匡时主编. 药厂反应设备及车间工艺设计. 北京：化学工业出版社，1981.
[17] 乔庆东，李琪. 精细化工工艺学. 北京：中国石化出版社，2008.
[18] 于淑萍主编. 化学制药技术综合实训. 北京：化学工业出版社，2007.
[19] 张天胜，厉明蓉主编. 日用化工废水处理技术及过程实例. 北京：化学工业出版社，2005.
[20] 章思规，辛忠主编. 精细有机化工制备手册. 北京：北京科学技术出版社，2000.
[21] 刘红霞编. 化学制药工艺及设备. 北京：化学工业出版社，2009.
[22] 王汝龙，原正平主编. 化工产品手册：药物. 北京：化学工业出版社，2005.
[23] 赵临襄. 化学制药工艺学. 北京：中国医药科技出版社，2003.
[24] 梁凤凯，厉明蓉主编. 化工生产技术. 天津：天津大学出版社，2008.
[25] 章思规主编. 精细有机化学品技术手册. 北京：科学出版社，1991.
[26] 《实用精细化学品手册》编写组. 实用精细化学品手册：有机卷. 北京：化学工业出版社，1996.
[27] 曾云龙. 均匀设计在制药工艺考察中的应用. 数理医药学杂志，1999，12（1）：73-74.
[28] 李欣，杨旭，王祥智等. 薄层色谱监测邻二氯苄水解反应. 重庆师范学院学报，2002，19（2）：93-94.
[29] 杨会东. 对硝基苯乙酮清洁生产工艺研究［D］. 南京：南京理工大学. 2002.
[30] 徐苏娟，董庆华，陈建中等. 对硝基苯乙酮清洁生产工艺. 污染防治技术，2003，16（4）：82-83.
[31] 陈炬熹. 对硝基苯乙酮生产工艺的改进. 广东医药学院学报，1994，10（3）：167-168.
[32] 丁建军，刘燕群，谭佑铭. SBR法处理高浓度氯霉素废水的实验研究. 环境污染治理技术与设备，2003，4（6）：27-29.
[33] 陆文雄，徐扣珍，程佩洛等. 氯霉素废水的处理. 上海化工，1995，20（3）：24-29.
[34] 沈丹，鲁燕侠，刁俊龙. 对乙酰氨基酚制剂研制概况. 中国误诊学杂志，2007，7（22）：5217-5219.
[35] 刘宁，赵凌冲，余志华. 新型两步法合成对乙酰氨基酚. 江苏化工市场七日讯，2006，17：14-15.
[36] 张丽娟，黄雅钦，蔺岩等. 两步法合成对乙酰氨基苯酚. 辽宁工学院学报，1996，16（4）：60-61.
[37] 赵海，王纪康. 对乙酰氨基苯酚的合成进展. 化工技术与开发，2004，33（1）：17-21.

[38] 陈光勇，陈旭冰，刘光明．对乙酰氨基酚的合成进展．西南国防医药，2007，17（1）：114-117.

[39] 国家食品药品监督管理局．药品生产质量管理规范．2010修订版．

[40] 国家食品药品监督管理局．药品GMP检查指南．2008年版．

[41] 国家食品药品监督管理局．药品GMP认证检查评定标准．2008.

[42] 国家食品药品监督管理局．化学药物原料药制备和结构确证研究的技术指导原则．【H】G P H 2-1.2005-3.

[43] 国家食品药品监督管理局．化学药物杂质研究的技术指导原则．【H】G P H 3-1.2005-3.

[44] 国家食品药品监督管理局．化学药物质量标准建立的规范化过程技术指导原则．【H】G P H 1-1.2005-3.

[45] 张渊明．化学化工研究与应用新进展概论．广州：华南理工大学出版社，2000.

[46] 卢定强，韦萍，周华等．生物转化与生物催化的研究进展．化工进展，2004，23（6）：585-589.

[47] 张莉力，迟玉杰．微生物转化阿魏酸生产香兰素的研究．现代食品科技，2005，21（2）：47-49.

[48] 张健，张启虹，王晓晨等．药物合成策略的近期发展．药学进展，2008，32（10）：433.